Conrad H. v. Sengbusch

Feldbackofen

Planung
Bauausführung
Backpraxis

Frech-Verlag Stuttgart

Inhalt

ISBN 3-7724-0541-X · Best.-Nr. 794

© 1981   1. Auflage

frech-verlag

GmbH + Co. Druck KG, Stuttgart
Druck: Frech Stuttgart

Vorwort

Traditionen soll man pflegen und erhalten und sei es das Selbstbacken von Brot, das wieder aktuell geworden ist. Auch wir waren von der Brotbackwelle ergriffen, studierten eine Menge Zeitungs- und Fachliteratur, besuchten Fachmessen, informierten uns in Backstuben und holten selbst die Spezialmehle aus Dänemark.

Doch in der Tat: Dutzende von Backversuchen im häuslichen Elektroherd brachten nicht das Ergebnis, das wir uns vom selbstgebackenen Brot erhofften. Entweder lief das Brot beim Backen auseinander, platzte an der Oberfläche, war zu trocken oder schmeckte fade. In nur wenigen Fällen gelangen uns Backergebnisse, die mit den Produkten der Handwerksbäcker vergleichbar waren.

So begannen wir systematisch mit dem Zusammentragen weiterer Informationen. Museumsdörfer in Hamburg und Umgebung wurden besucht, alte Literatur herangezogen und viele Gespräche mit älteren Mitbürgern geführt, die noch wußten, wie im Feldbackofen gebacken wurde oder es gar heute noch tun. Dabei kam langsam ein interessanter Erfahrungsschatz zusammen, der im Wunsch nach einem eigenen Feldbackofen gipfelte.

Rat und Hilfe fand ich bei Maurermeister Bruno Schmahlfeld, der sich auf die alte Kunst des Backofenbauens noch versteht und dessen Pläne ich verwirklichen konnte. An dieser Stelle vielen Dank für den Entwurf, die Bauberatung und die fachliche Kontrolle des Manuskriptes.

Als Entwurfsverfasser bleiben die Baupläne geistiges Eigentum von Herrn Schmahlfeld. Selbstverständlich können Sie für Ihren eigenen Bedarf über die Zeichnungen verfügen und sie im Bauantrag verwenden.

Das Bauvorhaben in diesem Buch wurde als „Kleiner Feldbackofen" in Niedersachsen genehmigt.

Also, auf einen guten Start bei den Vorarbeiten, ein gutes Gelingen des Bauvorhabens und gute Backergebnisse!

Die Bauformalitäten[1]

Vor dem Baubeginn müssen Sie einige amtliche Hürden überwinden, d.h., einen Bauantrag stellen: Das Bauobjekt enthält eine Feuerstelle und ist damit genehmigungspflichtig.

Die Bauordnungen sind in jedem Bundesland verschieden. In Niedersachsen benötigen Sie für die Einreichung des Bauantrages folgende Unterlagen:

Übersichtsplan 1:5000 oder Stadtkartenausschnitt mit Kennzeichnung des Baugrundstückes, Lageplan 1:500 mit eingezeichnetem Backofen, Bauzeichnung, Baubeschreibung, Berechnung des umbauten Raumes und der Baukosten, Bauantrag und die Einverständniserklärung der Grundstücksnachbarn. Bei letzteren genügt die „einfache Schriftform", ein Notar ist bei diesem Bauvorhaben nicht erforderlich.

Muster für den Schriftverkehr mit den Baubehörden finden Sie im nachstehenden Text.

Nach etwa 4-5 Wochen erhalten Sie den Entscheid mit der Baugenehmigung, ihren bauaufsichtlich genehmigten Unterlagen usw. Achten Sie darauf, ob Auflagen gemacht werden (z.B. „Es sind Unternehmer für ... zu beauftragen ..."). Wenn Sie sich intensiv mit der Materie beschäftigt haben oder gar alles selbst machen wollen, dann lassen Sie diese Auflagen löschen. Dann ist das Bauvorhaben keine teure Angelegenheit.

Die Löschung ist möglich, wenn Sie das Bauprojekt selber, d.h. in Eigenhilfe erstellen wollen. Sie können nämlich unter bestimmten Voraussetzungen auch als Unternehmer in eigener Person tätig werden, was sich bei dieser Kleinbaustelle in jedem Fall anbietet.

Nun aber genug der Formalitäten. Sicher fiebern Sie bereits dem Baubeginn entgegen. In der Materialliste ist aufgeführt, was Sie im einzelnen benötigen. Restbestände an Baumaterial finden Sie bei Freunden und Bekannten, die erst kürzlich gebaut haben. Was dann noch fehlt, wird beim Baustoffhandel bezogen.

Zur Vorlage beim Bauverwaltungsamt

Betr.: Geplante Errichtung eines Feldbackofens

Zustimmungserklärung

Wir sind davon unterrichtet, daß Herr/Frau/Frl. (Name, Anschrift) auf dem Grundstück ...
einen kleinen Feldbackofen für private Zwecke errichten möchte.
Gegen die Errichtung und den zeitweiligen Betrieb dieses Feldbackofens haben wir als unmittelbare Nachbarn keine Bedenken und geben hiermit unsere Zustimmung.

Ort, Datum   *Name, Straße, Ort*

                      Unterschriften des Nachbarn
                      ggf. der Ehefrau

[1] Nach neuester Gesetzgebung ist aufgrund des „Vereinfachten Baugenehmigungsverfahrens" lt. Baufreistellungsverordnung u.U. kein Bauantrag mehr erforderlich. Bitte erkundigen Sie sich beim Bauverwaltungsamt. Die Abnahme des Schornsteins durch den Bezirksschornsteinfegermeister ist aber weiterhin vorgesehen.

Muster für die Baubeschreibung

Zur Vorlage beim Bauverwaltungsamt

Name   *Ort, Datum*
Straße
Ort

Betr.: Geplante Errichtung eines Feldbackofens
Az. (ggf. aus Bau-Voranfrage)

Baubeschreibung

Der 1,50 × 1,00 m große Feldbackofen erhält ein frostfrei gegründetes Fundament
mit den Abmessungen 0,24 × 0,90 m, das in Beton, Bn 100, ausgeführt wird.
Der Mutterboden innerhalb der Fundamentmauern wird ausgehoben und mit Kies
verfüllt. Nach dem Verdichten des Füllkieses wird planeben abgezogen und eine
10 cm dicke Betonsohle geschüttet, die durch eine mittig angebrachte dünne
Q-Matte stabilisiert wird.
Nach ganzflächiger Isolierung der Sohle mit Bitumendachpappe wird gemauert.
Die Verblendung ist aus Rotstein VMZ 150, gemauert mit Mörtelgruppe II.
Das Innenmauerwerk aus Kalksandsteinen wird ebenfalls mit Mörtelgruppe II
errichtet.
Die gesamte Feuerung wird aus Schamottesteinen NF 24 × 11,5 × 7,1 mit
Schamottemörtel und ganz enger Fuge gemauert. Die zwischen Verblendung
und Feuerung vorgesehene Fuge wird aus Gründen besserer Wärmespeicherung
mit VERMICULIT aufgefüllt. Der noch verbleibende Keil bis zum First kann mit
Hintermauersteinen ausgemauert werden.
Der obere Teil des Schornsteins wird aus einem Eternitrohr 12/12 hergestellt und
oben mit einer Windhuze abgeschlossen. Für die Zugregulierung wird in den
Schornsteinsockel eine Drosselklappe eingebaut. Für die Ofentür ist eine
Ausführung aus ca. 3 mm dickem Eisenblech vorgesehen, die verstellbare
Lufteintrittslöcher enthält und zur Feuerseite mit einer gegossenen Platte aus
feuerfestem Beton zur Wärmeisolierung verkleidet ist.
Die Bedachung ist aus rotbraunen Frankfurter Pfannen, die im Mörtelbett verlegt
sind, hergestellt. Eine rustikale Verfugung soll dem Feldbackofen einen ländlichen
Charakter verleihen. Die Grenzabstände zu den Nachbargrundstücken sind
eingehalten. Für die Benutzung des Ofens liegen die geforderten Einverständnis-
erklärungen vor.

gez. (Bauherr)

Muster für Grundflächenberechnung, umbauter Raum und Baukosten

Zur Vorlage beim Bauverwaltungsamt

Bauherr (Name, Anschrift)   *Ort, Datum*

Betr.: Geplante Errichtung eines Feldbackofens

Berechnung der Grundfläche
Nutzflächenberechnung
Berechnung des umbauten Raumes und der Baukosten

Bebaute Fläche: $1,50 \times 1,00\ m = \underline{1,50\ m^2}$
Nutzfläche: $1,02 \times 0,52\ m = \underline{0,53\ m^2}$
Umbauter Raum: $1,00 \times 1,50 \times 1,36\ m$

$$+ \left(\frac{1,00 \times 1,50\ m}{2}\right) \times 0,42\ m = \underline{2,36\ m^3}$$

Roh-Baukosten: *(Annahme ca. DM 650,00/m³)   ca. DM $\underline{1600,00}$*

gez. (Bauherr)

Materialliste

1,50 m³ Grubenkies, Körnung 0-30 mm
8 Sack Zement, PZ 35 F, DIN 1164
18 Sack Kalkmörtel, QUICK-MIX K 01, DIN 1164, 1060, Mörtelgruppe II
2 Sack feuerfester Mörtel (Schamottemörtel) JGH-CIII
2 Sack feuerfester Beton, DIDIER, COMPRIT 40, 130/0-6/VR A1
1 Beutel à 5 kg feuerfester Mörtel, DIDIER, COMPRIT 40 SM
2 Sack „perlite" (80 l) I + K-Mörtel, Schornstein-Dämmstoffmasse
400 Stück Vormauerziegel VHLz 1,4/250 NF, rot
20 Stück Vormauerziegel VHLz 1,4/250 DF, rot
35 Stück Vormauerziegel VMz 1,4/150 DF, rot

200 Stück Kalksandvollsteine VKSV 2/250 DF   evtl. billigere Baustoffe, z. B.
42 Stück Kalksandvollsteine KSV 1,8/150 3 DF   KSV 1,8/150 NF, s. a. Text
145 Stück Schamottesteine 24/11,5/7,1
10 Stück Schamottesteine 24/11,5/5,2 o. ä. Größen (Text)
16 Stück Frankfurter Pfannen, Normalsteine, rotbraun
2 Stück Lüftersteine
6 Stück Doppelkremper (Schlußsteine)
6 Stück Firststeine, Form B

Kleinmaterial

15 Stück Abstandshalter 15 mm
½ Bund Luftschichtanker
6 Stück Trennscheiben für Stein, IMPEX IT/C 24 R-B 15, 230 × 2,5 × 22
2 kg Schalölkonzentrat, Hydrolan-HSK, Verarbeitung 1:30
1 Stück Rauchrohr, Steinzeug DIN 1230, 100 cm (Muffe abtrennen),
       100 mm Lichtweite, ersatzweise – ebenfalls zugelassen –
       „Fulgurit"-Abschnitt, 12/12 cm, ca. 80 cm lang oder V-2-A-Rohr, 100 ∅
1 Stück Regenschutzabdeckung für Rauchrohr passend (siehe Hinweis Umschlaginnenseite)
1,6 m Dachpappe, feinbesandet, 1,00 m breit, z. B. „HASSOTEKT" R 333 o. ä.
„BAUSTAHLGEWEBE" Q-Matte, 131er, Zuschnitt

Bauschnitthölzer je nach eigenen Vorräten. Benötigt werden Schalhölzer 24 mm,
Kanthölzer 10/10 cm, Einschublatten 24/48 mm, Dachlatten 40/60 mm,
Bretter ab 15 mm für Wölbscheiben usw.
1 Stück Drosselklappe nach Zeichnung (siehe Hinweis Umschlaginnenseite)
1 Stück Feuerraumtür mit Armierung und Winkeleisenrahmen (Text)
Schornsteinblei, Rollenmaterial, ca. 30 cm breit, 1,00 mm
Kappleiste, feuerverzinkt mit Isolierwulst, 2,5 m
Haken für Kappleistenbefestigung
Verzinkte Nägel, gestauchte Nägel, Holzschrauben, Konstruktionswinkel,
Blechteile, Einzelanker, Kükendraht verzinkt (alles s. Text)
1 Kartusche „Palesit"-Kunststoff 0 25, Silicon-Dichtstoff, 310 ml
   (Lechler Chemie GmbH, Stuttgart und Gelsenkirchen-Buer)
1 kg „Ceresit"-Universal-Reiniger, Verarbeitung 1:10 (Ceresit-Werk Unna)
1 kg Holzschutzmittel für Dachstuhlkonstruktion und Blenden
1 kg Vorstreichfarbe, weiß
1 kg Kunstharzlack, weiß, für außen

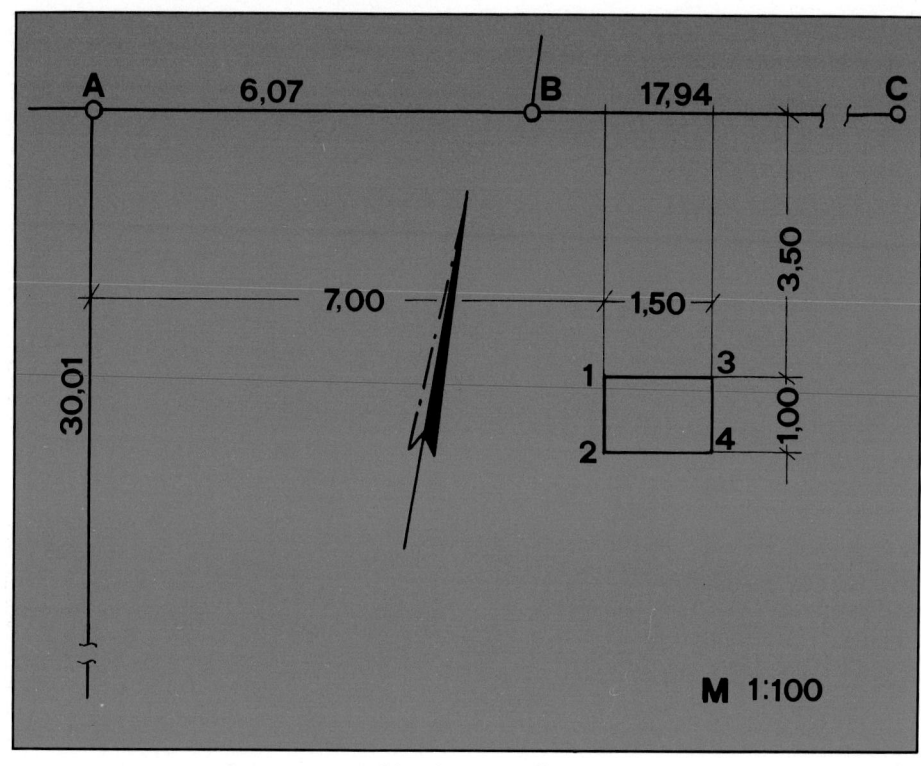

Bild 1: Vergrößerter Lageplan-Ausschnitt

Das Einmessen des Fundamentes

Die Lage des Feldbackofens auf dem Grundstück ist im Lageplan eingezeichnet. Sie beginnen das Bauvorhaben mit dem Abstecken, d. h. der Übertragung der Gebäudelage aus dem Lageplan in das Baugelände. Bezugspunkte sind dabei die Grundstücksgrenzen. Der Verlauf der Grenzen ist durch Grenzsteine markiert.
Bild 1 zeigt Ihnen einen vergrößerten Ausschnitt aus unserem Lageplan.
Zum Abstecken bestimmten wir den genauen Verlauf der Grundstücksgrenzen mit einer gespannten Schnur. Sie verbindet die Grenzsteine A, B und C. In 7 m Entfernung

vom Grenzstein A legten wir einen Bauwinkel an, der aus Latten im Verhältnis 3:4:5 gezimmert wurde. Im Verlauf der Verlängerung des rechten Winkels wurde im Abstand von 3,50 m Pflock 1 gesetzt und bei 4,50 m Pflock 2. Mit einem Stahlwinkel wurde dann – ausgehend von den Pflöcken 1 und 2 – im Abstand von je 1,50 m die Lage der Pflöcke 3 und 4 bestimmt. Die Eckpunkte des Feldbackofens lagen damit fest. Mit einer Wasserwaage und einer Latte wurden die Pflöcke dann alle auf gleiche Höhe gebracht. Abschließend wurden alle Gebäudeeckpunkte nochmals genau nachgemessen und die Meßpunkte durch eingeschlagene Nägel auf der Oberfläche der Pfähle markiert.

Bild 2: Die Gebäudeecken sind bestimmt

Sie können die Genauigkeit Ihrer Arbeit kontrollieren, indem Sie die Diagonalen nachmessen: Die Strecken müssen gleich lang sein. Die Nägel werden dann durch eine Maurerschnur miteinander verbunden, so daß das Ganze das Aussehen wie in Bild 2 hat.

Die Pflöcke an den Eckpunkten sind aber für die weiteren Arbeiten hinderlich. Sie liegen im Bereich der Baugrube. Deshalb müssen Sie im Abstand von 40-60 cm vom Baugrubenbereich Schnurgerüste setzen, die Sie in Anlehnung an Bild 3 aus Latten und Pflöcken konstruieren können. Die Schnurgerüste haben die gleiche Höhe wie die Pflöcke 1-4. Nun verlängern Sie die Gebäude-Eckpunkte auf die weiter entfern-ten Latten der Schnurgerüste und fixieren alle Punkte mit Nägeln. Im gleichen Arbeitsgang können Sie auch die Innenmaße des Ringfundamentes übertragen. Die Baustelle hat dann das Aussehen wie in Bild 3.

Die Erdarbeiten

Nun beginnt die Phase der Erdarbeiten. Die zuerst gesetzten Pflöcke müssen dazu entfernt werden. Die Übertragung der Abmessungen des Ringfundaments auf den Boden erfolgt mit einem Senkel oder ersatzweise der Wasserwaage. Bezugspunkte sind die Kreuzungen der Schnurenkonstruktion. Sie können dann die Außengrenzen der Bau-

Bild 3: Die Konstruktion der Schnurgerüste und die Markierung der Fundamentsgrenzen

grube mit einem zusammengenagelten Bretterviereck markieren und gegen Verschieben durch ein paar Pflöcke sichern. Erst jetzt entfernen Sie vorübergehend die Schnüre und beginnen mit dem Erdaushub. Dabei ist zu beachten: Angefüllter Boden muß sich erst über Jahre setzen und ist für das Fundament nicht gut geeignet. Das gilt auch für federnde Böden und Böden mit hohem Grundwasserstand. In diesen Fällen müssen Sie u.U. eine andere geeignete Stelle auf dem Grundstück suchen.

Die Erfahrung hat gezeigt, daß es günstig ist, die ganze Baugrube (B x L x T = 1,00 x 1,50 x 0,90 m) auszuheben. Ein in der Mitte stehengelassener Sockel fällt nämlich unweigerlich in sich zusammen. Stechen Sie also zunächst die Grasnarbe und die darunter liegende Humusbodenschicht ab. Lagern Sie diesen Erdaushub getrennt von den tieferliegenden festen Erd- oder Sand-

schichten. Den Sand benötigen Sie später nämlich wieder zum Auffüllen der Fundamentgrube.

Unter der Humusschicht folgt bei geeignetem Baugrund fester, gewachsener Boden, den Sie am glatten Rand der Baugrube an den verschiedenfarbigen Schichten erkennen.

Graben Sie bis zu einer Tiefe von 90 cm, gerechnet ab Grundstücks(Rasen)oberkante. Nur so ist das Fundament frostfrei gegründet! Bei lockeren Böden müssen Sie die Baugrube durch Bohlen und Querstreben abstützen, wenn Sie darin arbeiten. Abschließend wird der Boden der Baugrube gestampft und planeben abgezogen. Den dazu erforderlichen Stampfer fertigen Sie sich aus einem Rundholz von etwa 20 cm $\emptyset$ und 70-80 cm Länge mit aufgesetzten Griffhölzern oder einer quadratischen Stahlplatte 20/20 cm von etwa 10 kg Gewicht mit

Bild 4: Der Einbau der Betonschalung

mittig aufgeschweißtem Rohr-Griffstück.

Die Betonschalung

Nachdem Sie die Baugrube wie beschrieben ausgehoben und verfestigt haben, wird die innere Schalung des Fundamentes angefertigt. Die Außenabmessungen dieser Konstruktion aus Vierkantholz und Brettern beträgt nach der Bauzeichnung (B x L x H = 0,52 x 1,02 x 1,00 m).

Aus unserer Erfahrung hier einige Tips zur Konstruktion: Bauen Sie zunächst die Schalung unter Verwendung von 24-mm-Brettern und Vierkanthölzern 10/10. Nageln Sie die Seitenbretter nur mit jeweils einem Nagel an. Ist die Konstruktion fertig, dann sägen Sie auf der Längsseite mittig je einmal von oben nach unten durch und nageln Sie die Schnittfuge von innen wieder mit

einer Latte zusammen. Die Nägel sollten Sie auf der Außenseite nicht umschlagen, ggf. lieber abkneifen. Alle diese Maßnahmen erleichtern das spätere Ausschalen wesentlich.

Abschließend bringen Sie die Schalung mittig in die Baugrube ein und richten sie soweit wie möglich mittels des Senkels nach dem Schnurgerüst aus. Mit zwei Holzpflöcken, die Sie im Inneren der Schalung diagonal am Boden setzen, fixieren Sie die Lage der Schalung und sichern sie gegen seitliches Verschieben beim Schütten des Betons. Ein paar Querverstrebungen in der Mitte, die an die Laschenbretter genagelt werden, erhöhen die Festigkeit der Schalung gegen die seitlichen Kräfte beim Schütten. Die Sockelhöhe des Fundamentes soll etwa 10 cm über dem Erdreich liegen. Damit die Kanten des Fundament-Oberteiles sauber aussehen, müssen Sie

Bild 5: Das geschüttete Fundament

zusätzlich in Übereinstimmung mit dem Schnurgerüst Schalbretter setzen, die im Boden verkeilt werden und deren Höhe (10 cm über Erdreich) mit der Wasserwaage ausgerichtet wird. Diese Arbeit ist sehr genau auszuführen. Die Abmessungen 1,50 x 1,00 m müssen stimmen, bilden sie doch das Fundament des Feldbackofens, auf dem alles andere aufbaut!

Als Schalbretter für die äußeren Fundamentkanten eignen sich rauhe, parallelbesäumte ca. 24 mm dicke Bretter.

Die von uns verwendeten 19-mm-Spanplatten erwiesen sie erst im nachhinein als brauchbar, nachdem wir sie mit Schraubzwingen wieder in Form gebracht hatten. Einige zusätzliche Versteifungen und Abstützungen der äußeren Schalbretter sollten Sie in jedem Fall vorsehen. In Bild 4 erkennen Sie die für das Schütten vorbereitete Fundamentgrube mit allen Einzelheiten.

Die Betonarbeiten

Für die Betonarbeiten borgen Sie sich am besten einen 100-l-Freifallmischer. Die Arbeiten werden dadurch wesentlich erleichtert.

In der Baubeschreibung ist für das Fundament Beton der Güte Bn 100 und der Betongruppe B I vorgeschrieben.

Wenn Sie diesen Frischbeton selber mischen, dann müssen Sie das Mischverhältnis 1:6 einhalten.

Das bedeutet: In die Mischtrommel kommen zunächst 12 Schaufeln Grubenkies (Körnung bis 30 mm) und dann 2 Schaufeln Zement (PZ 350 F). Hat sich das Gemisch bei laufender Trommel gleichmäßig verfärbt, dann geben Sie etwas Wasser in die Trommel, mischen etwa 2 bis 3 Minuten und dann den Rest an Wasser. Je nach der Feuchtigkeit des Grubenkieses werden Sie

Bild 6: Die Außenschalung ist entfernt, die Oberfläche aufgerauht

5-7 l Wasser benötigen, um einen steifen, erdfeuchten Stampfbeton zu erhalten.

Erdfeucht bedeutet: Die breiige, zähe Betonmasse muß sich beim Zusammendrücken mit der Hand formen lassen oder, auf dem Boden ausgebreitet, mit der Schaufel glattstreichen und einkerben lassen.

Sollte Ihnen der Beton etwas zu feucht geraten sein, also bereits eine plastische, schollenförmige Konsistenz haben, so ist das nicht weiter schlimm, dann wird eben die nächste Partie etwas trockener angesetzt.

Im oberen Teil der Schalung müssen Sie ohnehin plastischen Beton verarbeiten und vorsichtig verdichten, damit die Schalung nicht auseinandergetrieben wird.

Nach diesen theoretischen Beton-Mischregeln sind noch einige Vorarbeiten zu erledigen, bevor Sie mit dem Schütten beginnen können.

Von der Fundamentgrube entfernen Sie die Schnurenkonstruktion, damit Sie ungehindert arbeiten können.

Dann muß die gesamte Schalung im Bereich des Betons gut vorgenäßt werden. Anderenfalls lassen sich die Bretter beim Ausschalen nur schwer lösen.

Besser ist die Behandlung der Bretter mit Schalöl. Wir verwendeten Schalöl-Konzentrat „Hydrolan-HSK". 1 Raumteil dieses Konzentrats wird mit 30 Raumteilen Wasser vermischt und zu einer Emulsion von milchigem Aussehen aufgerührt (Gebrauchsanleitung beachten!).

Mit dieser Emulsion streichen Sie dann alle Holzteile satt ein, soweit sie beim Schütten mit Beton in Berührung kommen. Damit ist die Schalung für das Betonieren vorbereitet. Während ein Helfer ständig Beton mischt,

Bild 7: Das Fundament mit Stabilisierungsmatte vor dem Schütten der Sohle

karren Sie den Frischbeton heran und schütten ihn in die Fundamentgrube. Nach unten kommt also der trockenere Stampfbeton, der in Schichten von ca. 15 bis 20 cm gleichmäßig über den Umfang verteilt eingebracht wird. Nach jedem Schütten müssen Sie den Beton durch vorsichtiges Stampfen verdichten. Die Betonmasse soll dabei nicht federn, und es soll sich an der Oberfläche auch kein Wasser bilden. So wächst das Fundament Schicht für Schicht bis Sie in den Bereich der oberen Schalbretter kommen. Hier wird dann plastischer Beton verarbeitet, wobei Sie beim Verdichten vorsichtig hantieren müssen. Es genügt, wenn Sie mit Lattenholz an den Innenflächen der Außenschalung stochern. Übrigens war es bei uns notwendig, Schraubzwingen einzusetzen, um den Fundamentkopf „in Form" zu halten.

Ist der gesamte Beton eingebracht, dann ziehen Sie die Oberfläche, die etwas dünnflüssig ist, mehrmals durch sägeförmige Bewegungen mit einem Richtschicht ab. Die Außen-Schalungsbretter bilden dabei die Bezugskante.

Hat der Beton an heißen Tagen nach etwa 1½ Stunden etwas „angezogen", dann müssen Sie mit dem Reibebrett die Oberfläche noch etwas nachbearbeiten.

Jetzt können Sie schon die Schnurgerüste abbauen. Die Baustelle sieht dann wie in Bild 5 aus.

Der Beton wird mit leeren Zementsäcken, Plastikfolie o. ä. abgedeckt und ruht z. B. über Nacht. Nach etwa 12 Stunden ist der Abbindeprozeß so weit fortgeschritten, daß der Beton erstarrt, aber noch ritzbar ist. Das nutzen Sie aus, um mit einem Nagel ein kreuzförmiges Muster in die Oberfläche zu ritzen. Die „Arbeitsfuge" verbindet sich

Bild 8: Die Sohle ist geschüttet und planeben abgezogen

dann besser mit den folgenden Mauer- und Betonschichten.

Tag für Tag muß der Beton nun nachbehandelt, d. h. zweimal täglich für die Dauer einer Woche mit Wasser besprengt werden. Sie vermeiden dadurch Schwindrisse, die durch zu schnelles Austrocknen entstehen.

Nach 18 bis 24 Stunden ist der Beton steinartig fest, als Bn 100 darf er aber erst frühestens nach zwei Tagen vorsichtig ausgeschalt werden. In Bild 6 ist bereits die Außenschaltung entfernt.

Dann wird vorsichtig die Innenschalung abgebaut. Zuerst entfernen Sie die Querstreben in der Mitte, dann die Laschen, die die Längsbretter der Innenschalung zusammenhalten. Indem Sie die durch den Sägeschnitt halbierten Bretter von der Betonwand abziehen und gleichzeitig nach oben hebeln, gelingt es Ihnen, auch die Stirnflä-

chen der Schalung vom Beton zu lösen. So bauen Sie Stück für Stück die Schalung aus. Im nächsten Arbeitsgang füllen Sie dann die Fundamentgrube schichtweise mit dem Kies(Sand)-Aushub auf, den Sie zwischengelagert hatten. Jede Schicht wird festgestampft und evtl. zusätzlich mit Wasser eingeschwemmt.

Etwa 5 cm unter der Fundamentoberkante beenden Sie das Auffüllen.

Nach 8 Tagen hat der Beton bereits die Hälfte seiner Endhärte erreicht und Sie können die Fundamentkrone mauern.

Dazu fegen Sie die Betonoberfläche mit einem Stahlbesen ab und mauern – beginnend und endend mit 3/4-Steinen an den Längsseiten – eine Umrandung, deren Außenabmessung 1,50 x 1,00 m beträgt.

Diese 1/2-stein'sche Mauerkante bildet einen Absatz für die Fundamentsohle und erspart aufwendige Schalungskonstruktio-

Bild 9: Die Sperrschicht ist aufgebracht

nen. Eine Bewehrung ist statisch nicht erforderlich. Dennoch brachten wir zur zusätzlichen Stabilisierung noch eine Q-Matte ein, die auf Abstandshaltern auf der Fundamentoberkante aufliegt (Bild 7). Die Matte ist dann im Beton etwa in der Mitte der Sohle eingebettet.

Damit sich die rostigen Teile der Matte gut mit dem Beton verbinden, bestreicht man sie mit Zementschlemme (Zementmilch) oder streut unter und über die im Betonbett liegende Matte etwas Zementmehl. Der restliche Beton wird dann eingebracht, alles abgezogen und geglättet und hat dann das Aussehen wie in Bild 8. Der erste Bauabschnitt ist damit fertig, und das Fundament trocknet jetzt bei gelegentlichem Nässen noch weitere 8 Tage, bevor Sie mit dem Hochziehen der Mauern beginnen können.

Das Hochziehen des Mauerwerkes

Das Mauerwerk des Backofens muß gegen aufsteigende Feuchtigkeit vom Fundament isoliert sein. Dazu müssen Sie eine Sperrschicht vorsehen. Wie in Bild 9 gezeigt, genügt eine Lage feinbesandete Dachpappe, gleichgut geeignet ist auch unbesandete 500er Bitumenpappe. Die Sperrschicht bedeckt die ganze Fläche, also auch die gemauerte Fundamentkrone.

Jetzt können Sie mit den Maurerarbeiten beginnen, wobei zweckmäßig zuerst das Außenmauerwerk, zumindest teilweise, hochgezogen wird.

Als Mörtel verwenden Sie am besten ein fertiges Kalk-Zement-Gemisch, das Sie entsprechend der Gebrauchsanleitung zu einem „schlanken" Mörtel ansetzen. Dieser Mörtel der Gruppe II läßt noch kleine Stein-

Bild 10: Die ersten Steine werden im „Wilden Verband" vermauert

korrekturen zu und verfestigt sich nicht so schnell wie reiner Zementmörtel.

Der Mauerwerksverband: Der Verband schreibt die Anordnung der Steine im Mauerwerk vor. Wir wählten für das kleine Bauwerk den sog. „Wilden Verband", wie er heute als Zierverband allgemein gebräuchlich ist und ein lebhaftes Bild des Mauerwerks abgibt. Es bleibt Ihnen dabei überlassen, wie Sie die Steine vermauern, natürlich darf keine Fugendeckung zur nächsten Schicht bestehen. Wenn es auch keine Regeln für die Steinanordnung in diesem Verband gibt, dann ist es doch gebräuchlich, auf zwei bis drei Läufersteine einen Kopf folgen zu lassen.

Als Steine für das Sichtmauerwerk verwendeten wir Hochlochziegel vom Typ VHLz, weil diese Steine normalformatig beim örtlichen Baustoffhandel vorrätig waren. Vollsteine neigen etwas zum „Schwimmen"

und setzen mehr Erfahrung im Mauern voraus. Das Mauern beginnt mit dem Ausrichten der Ecksteine. Diese Steine werden mit der Wasserwaage und dem Stahlwinkel sehr genau ausgerichtet und ihre Höhenlage zueinander und auch diagonal überprüft.

Dabei gilt grundsätzlich: Jede Läuferschicht beginnt mit soviel Dreiquartierern ($^{3}/_{4}$-Steinen), als die Wand halbe Steine dick ist.

Das Sichtmauerwerk ist eine $^{1}/_{2}$-stein'sche Wand, also beginnen wir wie in Bild 10: Die erste Schicht über der Isolation beginnt links mit einem $^{3}/_{4}$-Stein, es folgen dann nach rechts zwei Läufer, ein $^{1}/_{2}$-Stein (Kopf) und als Abschluß wieder ein $^{3}/_{4}$-Stein. Auch die rückseitige Wand ist in der gleichen Art aufgebaut. Für die Längsseiten werden jeweils 5 Läufersteine verwendet. Die zweite Schicht wird wieder mit einem versetzten $^{3}/_{4}$-Stein an der Giebelseite begonnen und endet ebenso. Grundsätzlich wird das Mauerwerk erst an den Ecken hochgezogen und dann der Zwischenraum – unter Verwendung einer Maurerschnur als Maß für die Oberkanten der Steine – Schicht für Schicht aufgefüllt. Das alles sehen Sie auch in Bild 11.

Übrigens gelten beim Vermauern von NF-Steinen folgende Maße: Lagerfuge (1,2 cm) + Steinhöhe (7,1 cm) = Schichthöhe (8,3 cm). Für unseren Backofen hatten wir uns entschlossen, den inneren Kern mit vorhandenen Kalksandsteinen verschiedener Formate aufzufüllen. Das ist keine Forderung. Man könnte dazu auch Grobkies nehmen, mit Beton auffüllen o. ä. Sicher wäre es auch denkbar, den nun einmal vorhandenen Raum zu nutzen und als Trockenplatz für das Feuerholz zu verwenden. Dann müßte zur Feuerlochseite ein zusätzlicher Durchbruch geschaffen und diese Änderung auch in der Bauzeichnung erfaßt werden.

Bild 11: Das Sichtmauerwerk wächst Schicht um Schicht weiter

Bild 12: Unterste Lage des Kernes mit KSV-3-DF-Steinen und „Grundsteinlegung"

Bild 13: Innenausbau des Kernes mit VKSV-DF-Steinen

Bild 14: Die letzte Schicht des Kernes ist gemauert

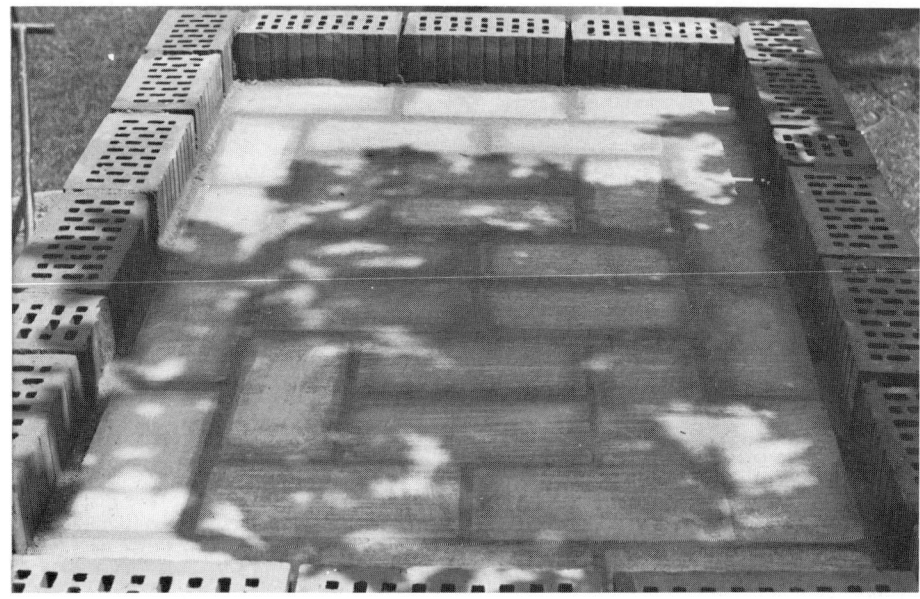

Bild 15: Verband in Detaildarstellung

Wir hatten noch ein paar Kalksandsteine der Type KSV 3 DF und vermauerten sie als unterste Lage (Bild 12). Beim genauen Hinsehen werden Sie auch die Flasche entdecken, die Hinweise für den Tag der Grundsteinlegung, die Namen der am Bau Beteiligten usw. enthält und nicht vergessen werden darf.

Die verbleibenden breiten Längsfugen zum Außenmauerwerk werden mit Mörtel aufgefüllt.

Pro Schicht benötigen Sie 20 Stück KSV-3-DF-Steine. Die nächste Schicht wird quer zur untersten Lage gemauert, dabei die Längsfuge zur anderen langen Mauerseite verlagert und wieder mit Mörtel aufgefüllt. Dann ziehen Sie weitere Schichten des Außenmauerwerkes hoch.

Als Verfugung wählten wir die sog. „rustikale" oder „ausgekratzte" Fuge. Sie wird vorteilhaft gleich in der ersten Stunde nach dem Mauern bearbeitet. Kratzen Sie dazu mit der 12-mm-Fugenkelle, einer abgeflachten, gerundeten fugenbreiten Holzleiste oder einem Gartenschlauch etwas Mörtel zunächst aus der Stoß- und dann aus der Lagerfuge. Fegen Sie dann mit einem Handfeger die losen, sandigen Mörtelreste aus den Fugen.

Bei gleicher Gelegenheit können Sie die Steine mit einem nassen Schwamm von Mörtelresten säubern. Das erspart Ihnen später das mühselige „Absäuern".

In Bild 13 sehen Sie das Ergebnis von 6 Stunden Maurerarbeit. Das Sichtmauerwerk ist bis zur 9. Schicht hochgezogen. Innen wurde nach der zweiten Schicht von 3-DF-Steinen auf vorhandene VKSV-DF-Steine übergegangen. Hier benötigen Sie 30 Stück DF-Steine pro Schicht.

Allgemein gilt: 3 Lagen NF-Steine sind höhengleich mit 4 Lagen DF-Steinen.

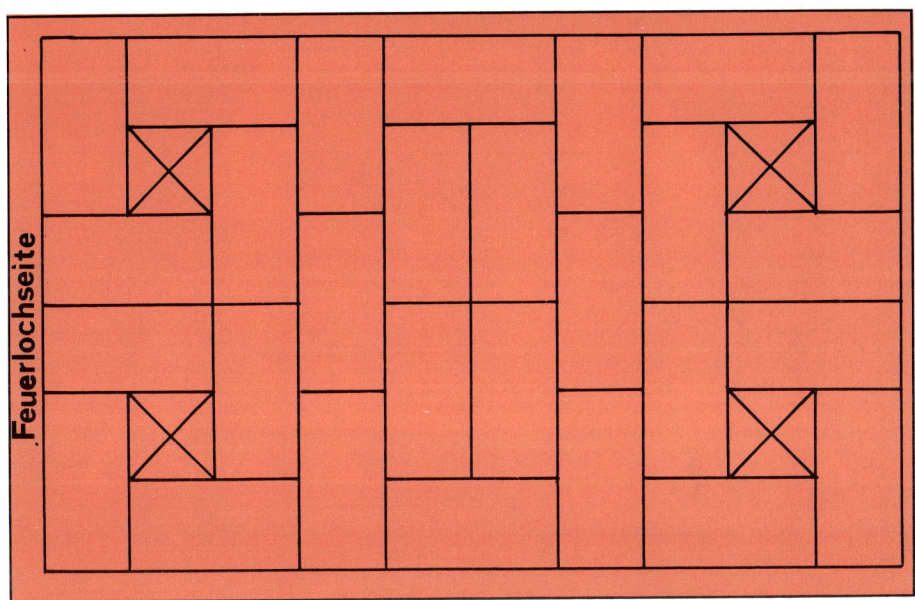

Bild 16: Der Mauerwerksverband für den Feuerraumboden

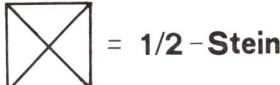 = **1/2 - Stein**

In Bild 13 sehen Sie auch, wie der Kern von innen weiter aufgefüllt worden ist.

In Bild 14 ist bereits die 10. Schicht des Sichtmauerwerkes aufgebracht und auch die letzte Schicht des Kernes in einem symmetrischen Muster planeben vermauert worden.

Bild 15 zeigt nochmals im Detail das innere Verlegemuster. Die Längsfugen sind nun in ihrer Dicke symmetrisch verteilt.

Das Mauern des Feuerraumes

Auf den gemauerten Kern wird jetzt das Schamottebett entsprechend dem Verlege-muster in Bild 16 aufgebracht. Zum Mauern ist feuerfester Mörtel erforderlich. Dieser Mörtel läßt sich etwas schwer verarbeiten. Er hat hellgraues bis beiges Aussehen und ist von lehmiger Konsistenz. Es dauert

Bild 17: Der Boden des Feuerraumes aus NF-Schamottesteinen

Bild 18: Die Schamottewandung des Feuerraumes

Bild 19: Die 4 Schichten des Sichtmauerwerkes sind hochgezogen

Bild 20: Die Längsfugen zwischen Sichtmauerwerk und Innenschale

Wochen, bis er fest geworden ist. Bei Feuchtigkeit wird er wieder weich. Nach Beendigung der Arbeiten ist es deshalb erforderlich, den Bau gut abzudecken, um den Trockenprozeß etwas zu beschleunigen.

Die wichtigste Regel beim Vermauern von Schamottesteinen: Machen Sie die Lager- und Stoßfugen so eng wie möglich! 2-5 mm Fugendicke ist in jedem Fall ausreichend, wenn auch praktisch nicht immer einzuhalten.

Bild 17 zeigt Ihnen bereits den Boden des Backofen-Feuerraumes, aufgebaut aus normalformatigen Schamottesteinen, die in einem Bett aus feuerfestem Mörtel liegen. Schamottesteine lassen sich nur schwer von Hand in Teilsteine schlagen. Deshalb verwenden Sie für diese Arbeiten am besten eine „Flex", d. h. einen Winkelschleifer mit den entsprechenden Trennscheiben für Stein.

Um einen guten Übergang zu den Steinen des Feuerloches zu bekommen, wurde die Fuge zwischen Schamotteboden und Sichtmauerwerk nur ca. 1,5 cm breit gewählt. Zur Rückseite des Ofens ist die Fuge dann entsprechend breiter (ca. 7 cm).

Nun zum Mauern der Schamottewandung des Feuerraumes: Die Wandung beginnt an den Längsseiten mit $3/4$-Steinen und schließt nach vorne zum Feuerloch mit einem $1/4$-Stein ab (Bild 18). Der letzte Stein der ersten Schicht ist ebenfalls ein $3/4$-Stein. Die zweite Schicht beginnt zum Feuerloch mit einem $3/4$-Stein usw. Auch hier können Sie im „Wilden Verband" mauern.

Das Mauerwerk für den Feuerraum wird auf diese Weise 4 Schichten hochzogen. Dann folgen die entsprechenden 4 Schichten des Außenmauerwerkes. Bei den Arbeiten in

Bild 19 hatte es stark geregnet, so daß die Zeit zum Reinigen der Steine fehlte. Sie sehen noch die Mörtelreste, die später nur mühsam zu entfernen waren. Bild 20 gibt nochmals eine Übersicht, aus der erkenntlich ist, wie die beidseitige 3-cm-Längsfuge zum Sichtmauerwerk verläuft.

Die Bogenkonstruktion für das Feuerloch

Zunächst müssen Sie eine Wölbscheibe anfertigen. Dazu muß Ihnen die Konstruktion eines Segmentbogens geläufig sein. Bild 21 gibt dazu das Rezept: Die Feuerlochbreite ist mit ca. 38,4 cm vorgegeben, und die Höhe beträgt 48 cm lt. Bauzeichnung. Es ist also ein Segmentbogen zu konstruieren, der, gemessen ab Oberkante der vierten Steinschicht, eine Stichhöhe von 48 cm − 33,6 cm = 14,4 cm hat. Dazu wird die Mittelsenkrechte auf der Verbindungslinie zwischen Scheitel- und Kämpferpunkt errichtet. Der Schnittpunkt der Mittelsenkrechten mit dem Lot des Achsenkreuzes ergibt dann den Einsetzpunkt M für den Zirkel.

Tragen Sie das alles auf einer Holzkonstruktion auf. Berücksichtigen Sie auch die Dicke der aufzubringenden Latten an der Kopfseite und fertigen Sie daraus mit Hilfe einer elektrischen Stichsäge eine Schablone wie in Bild 22.

Diese Konstruktion paßt genau in das Feuerloch (Bild 23), so daß Sie jetzt den Mauerbogen errichten können.

Hierzu einige Tips: Setzen Sie zuerst die äußeren Kämpfersteine (³⁄₄-Steine), die den Bogen „in Form" halten. Für den Bogen erwiesen sich die NF-Steine als ungeeignet, da sie keine symmetrische Aufteilung ergeben hätten. So verwendeten wir VHLz-DF-Steine, die wir als Köpfe vermauerten. Die Steine werden auf dem Boden zunächst nach der Schablone ausge-

Bild 21: Die geometrische Konstruktion des Segmentbogens

Bild 22: Die Schablone für die Schalung des Feuerloches

24

richtet und entsprechende Markierungen angebracht. Im Punkt M (Zirkeleinsatz) der Schablone wird ein Nagel eingeschlagen und daran ein Stück Schnur befestigt. Beim Mauern – wechselseitig von außen nach innen – werden die Ziegel nach den Markierungen auf der Wölbscheibe ausgerichtet und das auch so, daß ihre Mitten mit der Schnur zum Punkt M fluchten. Das ergibt dann einen symmetrischen Aufbau.

In die Fugen mauern Sie rückseitig zwei s-förmig gebogene Drahtanker ein (Bild 24). Zugegeben, die oberen Mörtelkeile sollen nach den Regeln des Maurerhandwerks maximal 2 cm breit sein, was sich bei der vorgegebenen Stichhöhe aber nicht realisieren läßt. Unsere Fugen sind 3,5 bis 4,5 cm breit geraten.

Nach einem Tag konnte der Bogen bereits

Bild 23: Einbau der Schablone und gemauerter Segmentbogen

Bild 24: Die 16. Schicht Sichtmauerwerk ist aufgebracht und Luftschichtanker gesetzt

Bild 25: Die mit Dämmstoffmasse verfüllten Fugen und der umlaufende Rezeß

ausgeschalt werden und stand freitragend, wie es auch Bild 24 zeigt.

In Bild 25 erkennen Sie die Ausbildung der Längsfuge (Breite etwa 3 bis 4 cm), die erforderlich ist, um die Schamottesteine vor Wärmeverlust nach außen zu isolieren. Diese Fuge, wie auch die breite Fuge auf der Rückseite (ca. 7 cm), müssen Sie mit Schornstein-Dämmstoffmasse auffüllen. Dieser Trockenmörtel wird erdfeucht angesetzt und nach dem Einbringen in die Fuge durch Stampfen mit einer Latte etwas verdichtet.

Auf die Innenschale des Backofens wird anschließend das Gewölbe aufgebracht. Damit das Gewölbe einen seitlichen Halt hat, haben wir die Fugen bis auf Steinhöhe nach oben aufgefüllt. Das geht am besten, wenn Sie auf das Mauerwerk der Innenschalung einen NF-Stein als Schablone auflegen, den Zwischenraum der Fuge auffüllen, etwas feststampfen und den Schablonenstein dann wieder wegnehmen. So entsteht der umlaufende „Rezeß", wie Sie ihn in Bild 25 erkennen können. Über Nacht trocknet die Dämmstoffmasse dann so weit, daß Sie am nächsten Tag weiterarbeiten können.

Bild 26: Der Einbau der Wölbscheiben für das Feuerraumgewölbe

Bild 27: Die Längsaussteifung der Schalung

Bild 28: Die Gewölbeschalung ist fertig

Die Schalung für das Feuerraumgewölbe

In Bild 26 sehen Sie, wie wir das Backofengewölbe eingeschalt haben. Die erforderlichen Wölbscheiben sind aus Brettern entstanden, die auf Stützen aus Einschublatten
24/48 stehen. Die Segmentbogenkonstruk-
tion bezieht sich auf die Oberkante der vierten Schicht des Feuerraumes und geht
davon aus, daß die Innenhöhe ab Oberkante Boden (s. a. Bauzeichnung) 54 cm
beträgt. Alle erforderlichen Maße für die
Konstruktion entnehmen Sie durch Mes-
sung Ihrem Backofen. Sie benötigen ja nur
noch die Steinhöhe bis OK 4. Schicht und
die Spannweite (Breite innen) des Feuerraumes. Die Konturen der Scheiben schneiden Sie wieder mit einer elektrischen Stichsäge aus, wobei auch hier die Dicke der Latten für die Schalung zu berücksichtigen ist.

Bild 29: Einpassung der kleineren Wölbscheiben

Die Stützen der Wölbscheiben stehen auf Brettern auf dem Boden des Backraumes und sind hier durch zusätzliche Querhölzer gesichert. Die ganze Konstruktion muß mechanisch sehr stabil sein, und daher erkennen Sie in Bild 27, wie alle Scheiben in der Längsrichtung durch Streben, eine durchlaufende Latte und Laschen gesichert sind.

Die erste Wölbscheibe ist etwa 12 cm von der Rückseite des Feuerlochbogens entfernt. Das ist erforderlich, um später einen weiteren Bogen mit gleicher Höhe wie das Feuerloch einbauen zu können. Dieser Bogen sorgt dann dafür, daß die Wärme im Oberteil des Feuerraumes erhalten bleibt.

In Bild 28 ist bereits die Schalung aus Einschublatten 24/48 auf die Wölbscheiben aufgenagelt. Verwenden Sie pro Schalungsbrett nur einen Nagel, das erleichtert das Ausschalen wesentlich! In Bild 29 erkennen Sie, daß auch die Wölbscheiben

Bild 30: Die Befestigung der kleinen Wölbscheiben mit Latten und Schraubzwingen

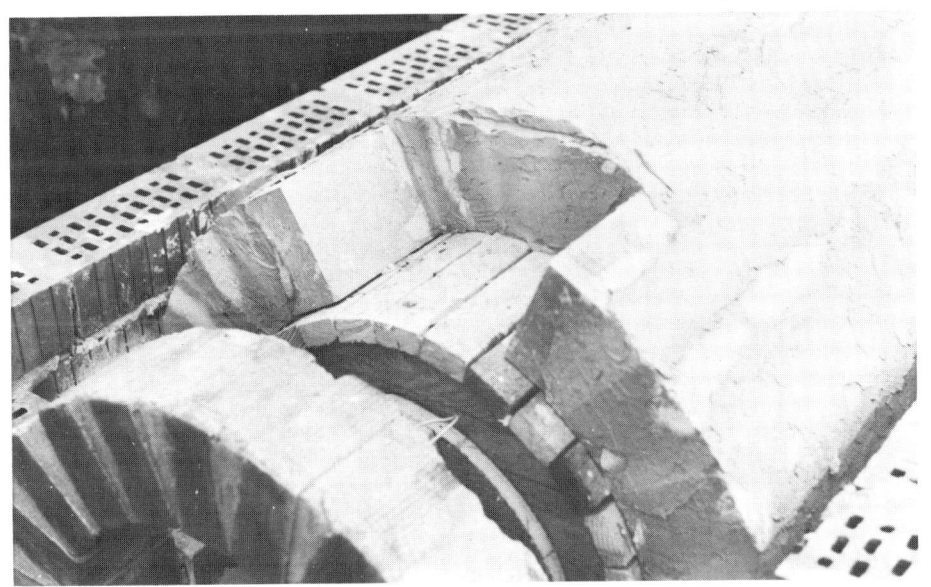

Bild 31: Das teilweise fertige Gewölbe

Bild 32: Die Rückseite des Feuerraumgewölbes

für den vorderen Segmentbogen bereits eingepaßt sind. Diese Scheiben werden mit der inneren Konstruktion durch eine genagelte Leiste an den Bodenbrettern und oben durch zwei Bretter in Verbindung mit einer Schraubzwinge gehalten (Bild 30). Wie gesagt, diese Wölbscheiben werden nur eingepaßt, zum Mauern sind sie erst später nötig.

Nun geht es also an den Aufbau des Gewölbes mit Schamottesteinen. Verarbeitet werden nur ganze und halbe Steine, die mit feuerfestem Mörtel verzahnt im Läuferverband gesetzt werden. Nachdem Sie den ersten Segmentbogen bereits gemauert haben, können Sie Ihre Erfahrungen hier gleich wieder anwenden.

Der feuerfeste Mörtel ist teuer. Man kann ihn etwas strecken, indem man pro halben Sack Mörtel etwa drei Kellen feinen gesiebten Mauersand mit einarbeitet. Das soll

Bild 33: Schalungseinbau für den kleinen Segmentbogen

Bild 34: Das fertig gemauerte, besandete Feuerraumgewölbe

auch dem Reißen des trocknenden Mörtels etwas vorbeugen, was sich aber nicht ganz vermeiden läßt. Zusätzlich drückten wir in die ziemlich breiten Fugen zerkleinerte Brocken von Rotsteinen. Das fixiert einmal die Lage der Steine und zum anderen können Sie weiteren Mörtel sparen. Über den Umfang des Gewölbes vermauerten wir 10 Steine, die innen im Feuerraum dicht mit kleiner Fuge zusammenliegen. Als Schlußstein hatte kein ganzer Stein mehr Platz. In Ermangelung von Schamotteplatten, die es auch gibt, trennten wir Steine mit der „Flex" und brachten sie oben so ein, daß sich keine Fugendeckung zu den benachbarten Steinen ergab.

Übrigens baut man ein Gewölbe – in Anlehnung an den bereits gemauerten Bogen – von beiden Seiten gleichzeitig auf, beginnend auf der Rückseite links, dann rechts, wieder links usw. Die Drahtanker des Außenmauerwerkes werden dabei mit den Fugen der Schamottesteine verbunden.

In Bild 31 ist das Gewölbe bereits fast fertig zu sehen. Vorne bleibt ein Loch für die Schornsteinaustrittsöffnung frei.

Bild 32 zeigt die Rückseite der fertig gemauerten Wölbung. Hier wurde das Gewölbe auch begonnen.

Nach etwa 8 bis 14 Tagen Trockenzeit können Sie das Gewölbe ausschalen. Dabei sollten Sie Risse im Mörtel nicht beunruhigen. Sie gehören einfach zu diesem Werkstoff, und von Handwerkern aufgebaute Backöfen in Museumsdörfern sehen auch nicht anders aus. Das Ausschalen erfolgt zunächst durch Wegnahme der Schalung für den kleinen Schamottebogen, die noch gebraucht wird. Die anderen Schalungsteile im hohen Backofengewölbe werden ausgebaut, indem die Stützen der Wölbscheiben vorsichtig abgesägt werden.

Bild 35: Maschendraht verfestigt die Dämmstoff-Auflage

Bild 36: Die zweite Dämmstoffmassen-Schicht ist aufgebracht

Bild 37: Die abschließende Schicht aus DF-Vollziegeln

Da Sie von vorne und von der Rückseite noch einigermaßen gut an die Lattenkonstruktion herankommen, macht das weitere Ausschalen keine Mühe.

Als letzten Arbeitsgang bringen Sie die Schalung für den kleinen Segmentbogen ein, wie in Bild 33 zu erkennen. Hier werden nur Köpfe (½-Steine) vermauert, die stumpf an das größere Gewölbe angesetzt werden. Die Fugendicke zum Gewölbemauerwerk ist wieder zwischen 2 und 5 mm zu wählen. Geeignet wären für diesen Bogen DF-Schamottesteine, da er in seinen Abmessungen ja dem Bogen des Feuerloches im Sichtmauerwerk entspricht. Bei uns vorhanden waren ein paar (fast) passende „Didier Nova 115"-Schamottesteine mit den Abmessungen 25/12,4/6,4, die mit der „Flex" geteilt und eingebaut wurden. Der Schlußstein, der als ganzer Stein hochkant eingesetzt wurde, mußte mit der Trennscheibe

etwas „angespitzt" werden, um in den Verband zu passen. Dieser Stein bildet auch die Verankerung zu dem gegossenen Schornsteinaufsatz aus feuerfestem Beton. Damit der Austrocknungsprozeß gleichmäßig verläuft und die folgende Isolationsschicht einen guten Halt hat, verputzten wir die Oberfläche des Gewölbes nach Art des „Rappens" (Verreiben des feuerfesten Mörtels) und brachten noch eine Schicht aus gesiebtem Mauersand auf (Bild 34).

Die Wärmeisolierung des Feuerraumes

In Bild 35 erkennen Sie, wie wir den Feuerraum isoliert haben. Dazu benötigen Sie zwei ca. 1 m lange und 1,5 cm dicke Holzlatten, in die Sie an den Außenkanten je einen Nagel einschlagen. Diese Nägel

Bild 38: Vorbereitungen zum Betonguß für den Schornsteinaufsatz

drücken Sie in die Fugen zwischen den Steinen und wiederholen das im Abstand einer Lattenbreite mit der anderen Latte. Der Zwischenraum wird nun mit Dämmstoffmasse aufgefüllt, leicht festgestampft und mit einer kleinen Kelle glattgestrichen. Jetzt wird eine Latte versetzt, und es wiederholt sich alles, so daß parallele Streifen aus Isolationsmaterial entstehen. Der Zwischenraum wird wieder mit Dämmstoffmasse aufgefüllt, und so ergibt sich ein gleichmäßiger, ca. 15 mm dicker Isolationsauftrag über der Gewölbeoberfläche. Die Dämmstoffmasse trocknet über Nacht, und am nächsten Morgen geht es weiter.

Nun schneiden Sie Maschendraht zu, der die Konstruktion verfestigt (Bild 35) und tragen eine weitere Schicht Dämmstoffmasse auf, diesesmal aber in einer Dicke von 24 mm. Dazu benötigen Sie natürlich dickere Latten (24/48). Ist alles fertig, dann

Bild 39: Die Schalung für den Schornsteinaufsatz mit bereits gegossenem Beton

34

Bild 40: Die noch fehlende Isolierung und die restlichen Ziegel sind aufgebracht

hat es das Aussehen wie in Bild 36, wo gerade die letzte Isolationslage am Scheitelpunkt aufgebracht wird.

Die Isolierung trocknet wieder eine Nacht, und dann folgt die letzte Schicht zur Wärmeisolierung aus DF-Rotstein-Vollziegeln. Die Steine liegen in einem dicken Bett aus Kalkzementmörtel und lassen sich den Konturen des Gewölbes gut anpassen. Auch hier werden nur ganze und halbe Steine im Läuterverband verzahnt vermauert (Bild 37).

Die Rückseite des isolierten Gewölbes ist inzwischen auch fertig. Die rückseitige Feuerraumwandung haben wir mit Schamotte-Teilsteinen aufgemauert und wo es nötig war, auch einige Steine mit der „Flex" so bearbeitet, daß sie sich dem Segmentbogen gut angepaßt haben. Anschließend verstrichen wir die Schamottesteine mit

feuerfestem Mörtel und verputzten die Vollziegel mit Kalkzementmörtel.

Der Schornsteinaufsatz

Der Schornstein benötigt eine standsichere, feste plane Unterlage aus feuerfestem Material, die mit dem Gewölbe verankert ist. Dazu verwenden Sie den feuerfesten Beton, der für Temperaturen bis 1325 °C geeignet ist und die gleichen Wärmeeigenschaften wie Schamottesteine hat. Den Beton verarbeiten Sie ohne Bewehrung, da Baustahleinlagen in Beton aus Gründen unterschiedlicher Wärmeausdehnung immer problematisch sind und zu Rissen führen können.

In Bild 38 erkennen Sie die Vorbereitungen zum Betonguß: Die Oberfläche des Gewölbes wird im Bereich des Schornsteins

Bild 41: Ein weiteres Gewerk ist abgeschlossen, der Ofen mit Feuerraum „steht"

von Lehmresten, Sand usw. gesäubert und die Steine durch kreuzförmige Einschnitte mit der „Flex" aufgerauht. Das ist ebenfalls in Bild 38 gut zu erkennen und dient dem Zweck einer festen Verbindung zwischen Mauerwerk und Betonaufsatz.

Bild 39: Die Schalung für den Betonsockel für den Schornstein ist aufgesetzt und in der Mitte eine Öffnung von 12/12 cm vorgesehen, die bis zum Feuerraum im gleichen Querschnitt hintergeht. Die Schalung ist so bemessen, daß sie für einen Schornsteinverband aus vier NF-Ziegeln eine ausreichende Grundfläche hat. Die Höhe ist so gewählt, daß der Schlußstein des vorderen Gewölbeteiles mit seiner Oberkante etwa 1 cm unter der Betonoberfläche liegt. Der feuerfeste Beton erstarrt verhältnismäßig schnell, so daß Sie schon nach 24 Stunden ausschalen und ggf. nachputzen können. Dafür verwenden Sie den feinkörnigen Mörtel COMPRIT 40 SM, der bei Bedarf wie Putz aufgetragen wird.

In Bild 40 sind die Arbeiten so weit fortgeschritten, daß bereits die noch fehlenden Dämmstoffschichten und darüber die restlichen Vollziegel aufgebracht sind.

Der Feldbackofen hat nun bereits ein vertrauenerweckendes stabiles Aussehen und steht wie in Bild 41 in der Landschaft.

Die nächste Arbeit ist dann das Hochziehen der Giebelwände. Die Einzelheiten entnehmen Sie bitte den Bildern 42 - 44.

Die Giebelseiten werden am Ortgang mit VHLz-DF-Steinen abgeschlossen. Hier im Giebelbereich bewährt sich der Einsatz der „Flex". Sie erhalten damit einen sauberen Abschluß des Mauerwerkes.

Die Fuge zwischen Sichtmauerwerk und dem Gewölbe im vorderen Giebelbereich wurde teilweise mit Dämmstoffmasse aufgefüllt, der Rest dann mit Mörtel verputzt. Die breite, rückseitige Fuge wird ebenfalls mit Dämmstoffmasse verfüllt und die Oberseite mit einer Deckschicht aus Mörtel zugestrichen.

Es verbleibt noch das Aufmauern der ersten zwei Schichten für den Schornsteinverband, wofür je vier VHLz-NF-Steine benötigt werden. Rauhen Sie die Oberfläche des Schornsteinaufsatzes durch kreuzförmige Einschnitte mit der „Flex" auf und mauern Sie beide Steinschichten mit COMPROMIT 40 SM-Mörtel. Die Schornstein-Innenwandung muß „gerappt" werden. Alle Fugen werden dabei glatt verstrichen. Letztlich mauern Sie an der Rückseite des Schornsteines – aufliegend auf dem Gewölbe – noch zwei ¼-Steine, die höhengleich zum obersten Stein der Giebel-Rückwand sind und die Auflage für die Firstpfette bilden.

Die Dachkonstruktion

Der Feldbackofen erhält ein Satteldach, wie es in Bild 45 angedeutet ist. Die Sparrenpaare ruhen auf Fußpfetten und sind mit diesen vernagelt. Oben sind die Sparren durch Nagelung mit Firstlaschen verbunden. Diese Laschen werden auch zur Verbindung mit dem Giebelmauerwerk benötigt und dienen zusätzlich noch als Auflager für die Firstbalken. Die Stabilität im Längsverband ist auch durch die Lattung und zusätzliche Windrispen gegeben. Der First ist als Mörtelfirst ausgebildet.

Da die Sparren über das Mauerwerk hinausragen, handelt es sich hier um ein sog. „Sparrengesims".

Die Lattenabstände sind für die Eindeckung mit „Frankfurter Pfannen" gewählt.

Nun zur Bauausführung des Dachstuhles: Der Einfachheit halber verarbeiteten wir nur zwei Sorten von Material und zwar Latten 24/48 und 40/60 mm, die es im Baustoffhandel bereits getränkt mit Holzschutzmittel gibt. Anderenfalls müßten Sie diesen Schutz selber, am besten vor der Verarbeitung des Holzes, auftragen. Die Latten 24/48 nehmen Sie für die Windrispen, die

Bilder 42 - 44: Das Aufmauern der Giebelseiten, die ersten Schichten des Schornsteinmauerwerkes und wichtige Einzelheiten der Dachstuhlkonstruktion

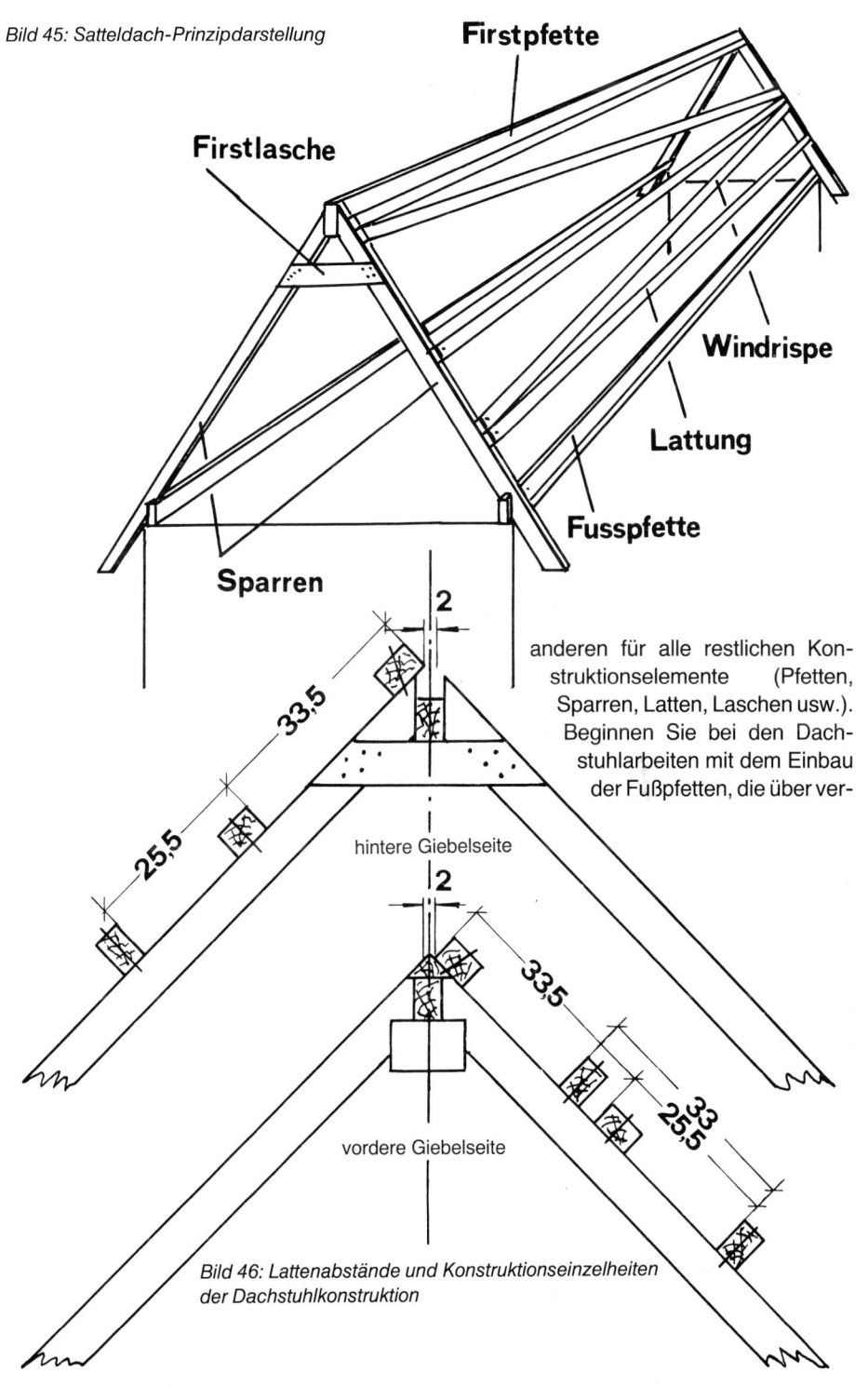

Bild 45: Satteldach-Prinzipdarstellung

Firstpfette

Firstlasche

Windrispe

Lattung

Fusspfette

Sparren

anderen für alle restlichen Kon-
struktionselemente (Pfetten,
Sparren, Latten, Laschen usw.).
Beginnen Sie bei den Dach-
stuhlarbeiten mit dem Einbau
der Fußpfetten, die über ver-

hintere Giebelseite

vordere Giebelseite

Bild 46: Lattenabstände und Konstruktionseinzelheiten
der Dachstuhlkonstruktion

zinkte, einzementierte Stahlanker mit dem Mauerwerk verbunden werden. Dann werden die Sparrenpaare konstruiert. Die Dachneigung richtet sich nach den Fertigmaßen des Feuerraumgewölbes. Bei uns ergab sich eine Neigung von 45°.

Für die jetzt folgenden Arbeiten brauchen Sie einen Helfer. Legen Sie die Sparren, aus denen Sie die Sparrenkerben im Bereich der Fußpfette ausgeklinkt haben (Ausklinkung nur bis $\frac{1}{3}$ x h), auf die Pfetten. Die Sparren müssen von der Oberkante des Feuerraumgewölbes mindestens 1 cm entfernt sein, was auch im vorderen Giebelbereich gilt. Notfalls müssen die Sparren im Bereich des Schornsteinmauerwerkes etwas verjüngt werden.

Legen Sie nun die rückseitige lange Firstpfette auf ihre Steinlager auf und zentrieren Sie die Lage. Die Sparren werden dann zunächst mit der Firstlasche und Schraubzwingen zusammengehalten, wobei zu berücksichtigen ist, daß die Firstpfette zwischen die winklig zugeschnittenen Enden der Sparren zu liegen kommt. Messen Sie die erste Konstruktion sorgfältig aus, kennzeichnen Sie die Lage der Firstlasche mit Bleistift und montieren Sie das Ganze am Boden durch Nagelung mit verzinkten Nägeln. Die Sparrenabmessungen können Sie dann u. U. auf die noch verbleibende Sparrenpaare übertragen.

Die fertige Konstruktion wird mit der Fußpfette vernagelt und mit dem Mauerwerk über die Firstlasche und einem Dübel verschraubt. Das gilt auch für das rückseitige Sparrenpaar.

Die Firstpfette an der vorderen Giebelwand ist über verzinkte Winkel und Dübel mit dem Mauerwerk verschraubt. Auf die Pfette ist eine kleine Holzkonstruktion aufmontiert, die als Auflager für die im Bereich des Schornsteines ausgeschnittenen Dachziegel dient. Diese Ziegel werden auch durch eine zusätzliche Lattung unterstützt.

Lassen Sie die Dachlatten und die Sparren reichlich überstehen. Das erleichtert Ihnen später das Anbringen der Ortgangblenden und die Verblendung im Bereich der Traufe. Die Bilder 42-44 zeigen alle wichtigen Einzelheiten der Dachstuhlkonstruktion. Bild 46 gibt Ihnen die erforderlichen Maße für die Lattung, die am vorderen und hinteren Giebel symmetrisch angeordnet ist.

Für die hochkant montierten Dachlatten verwendeten wir „dänische" Nägel mit durchgehender Querriffelung. Diese Nägel sollten Sie nur in vorgebohrtem Holz verarbeiten und nur dort, wo mit Sicherheit kein Ast oder Mauerwerk zu durchdringen ist! Sie lassen sich nämlich im Bedarfsfall kaum wieder herausziehen.

Der Schornstein [2])

Dieser Bauabschnitt hat sich als die schwierigste Phase beim Backofenbau erwiesen, so daß wir im Frühjahr noch einige Änderungen am Schornsteinkopf vornehmen werden. Die Änderungen haben sich aus den Erfahrungen beim mehrmaligen Probe-Aufheizen ergeben. Danach werden wir das Rauchrohr aus V-2-A-Stahl oder Steinzeug wählen und die Betonabdeckung für den Schornsteinkopf aus feuerfestem Beton und ohne Bewehrung ausführen.

Bei der Errichtung von Hausschornsteinen sind Vorschriften zu beachten, die sich auf die opitmale Zugwirkung, die technische Bauausführung und feuerpolizeiliche Auflagen beziehen.

Die gute Zugwirkung wird durch einen symmetrischen Querschnitt der Züge erreicht. Bei der Anwendung eines Regelverbandes für den Kamin aus 4 Steinen ergibt sich ein Querschnitt von 13,5/13,5 cm, was zulässig ist. Für Abgaszüge werden auch Querschnitte von 10/10 cm bzw. 10 cm Lichtweite angegeben, wenn Formstücke verarbeitet werden.

Die technischen Vorschriften besagen u. a.:

[2] Lesen Sie den wichtigen Hinweis auf der hinteren Umschlaginnenseite.

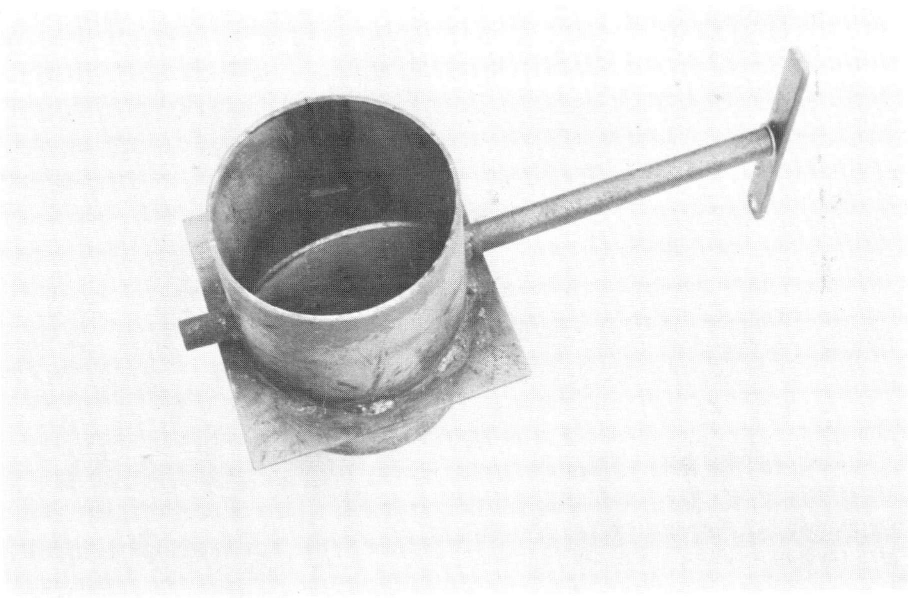

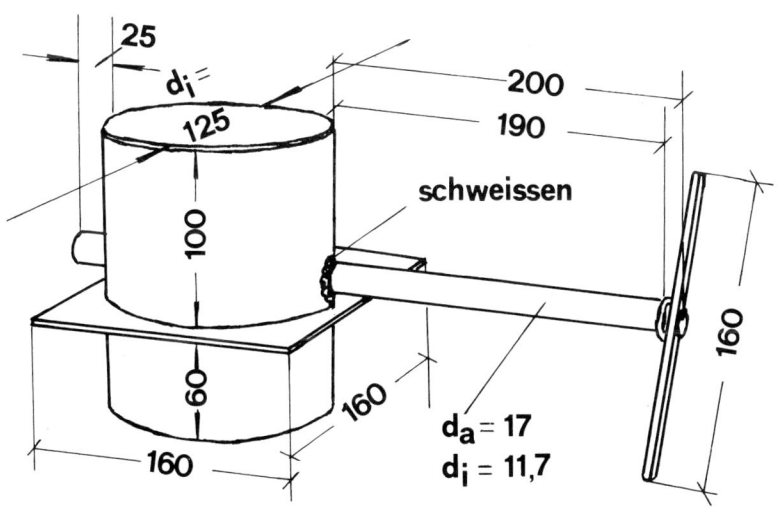

Bild 47: Die Drosselklappe

Material: Fe 3mm

Bild 48: Konstruktionseinzelheiten für die Drosselklappe

Die Kaminwangen müssen mindestens 11,5 cm dick sein, beim Schornsteinkopf, also über der Dachhaut, 17,5 cm.

Es sind frostbeständige Ziegel der Typen VMz 20 mit einer Druckfestigkeit von 2,5 MN/m^2 bzw. vergleichbare Typen zu verwenden.

Als Mörtel wird u. a. die Mörtelgruppe II gefordert.

Die Fugen sind in den Zügen glatt zu verstreichen (Rapputz), besser ist Schlämmputz. Durch das Verputzen der Züge werden Reibungsverluste der aufsteigenden Rauchgase und damit Wirbelbildung vermieden.

Um Risse an der Betonabdeckung des Schornsteinkopfes zu vermeiden, ist die Wärmeausdehnung der Rauchrohreinsätze, besonders bezüglich der Längenänderung, zu berücksichtigen.

Kaminwangen dürfen weder belastet noch unterbrochen werden. Auch das Anbringen von Schlitzen, das Einsetzen von Dübeln und Einschlagen von Mauerhaken ist nicht zulässig.

Der Schornstein ist mit einer Betonabdeckung von mindestens 8 cm Dicke abzuschließen.

Die feuerpolizeilichen Vorschriften verlangen u. a., daß der Dachlattenabstand zum Schornstein mindestens 5 cm beträgt.

Übrigens gelten in allen Bundesländern auch für Hausschornsteine verschiedene Bauordnungen, die Sie im Einzelfall berücksichtigen müßten. Ein Kompromiß ist dabei nicht ganz zu vermeiden, weil es sich bei einem Backofen ja nicht um bewohnte Gebäude handelt und deshalb andere Maßnahmen in bezug auf die Wärmedämmung usw. gerechtfertigt sein müßten.

Wir hielten in Übereinstimmung zur genehmigten Bauzeichnung die folgende technische Ausführung in Anlehnung an bestehende Vorschriften für vertretbar:

Der Schornstein wird über 5 Schichten aus je 4 VHLz-NF-Steinen im Regelverband

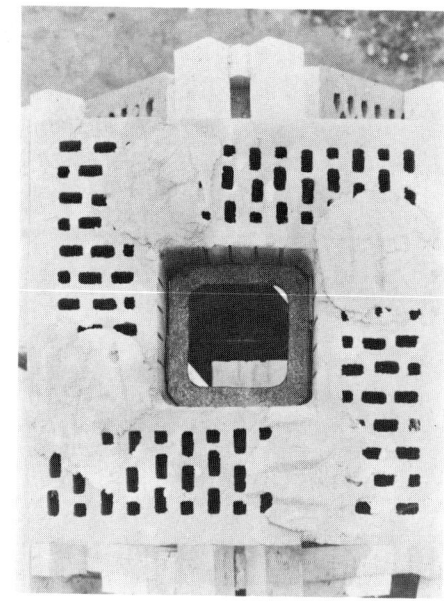

Bild 49: Das Auflager für die Rauchrohrverlängerung

Bild 50: Der Einbau der „Fulgurit"-Rauchrohrverlängerung mit Schalung für die Schornsteinabdeckung

42

Bild 51: Richtfest

aufgemauert. Es werden die gleichen Steine wie für das Sichtmauerwerk verwendet.

Nach der zweiten Schicht wird die Drosselklappe (Bild 47) in das Mörtelbett der Fuge eingesetzt. Die Abmessungen der Drosselklappe entnehmen Sie bitte Bild 48. Wir ließen sie uns in einer Lehrwerkstatt anfertigen. Evtl. müßten Sie einen Schmied oder Schlosser beauftragen oder haben selber die Einrichtungen für die Anfertigung. In der Baubranche gibt es meines Wissens dafür kein Fertigteil.

Zwischen der 4. und 5. Schicht mauerten wir über Eck verzinkte Konstruktionsflacheisen (gelochte Flacheisen, ca. 2 mm dick) ein, die das Auflager für die Rauchrohrverlängerung bilden. Um Wärmeausdehnungsprozesse aufzufangen und als Sperre für den geschütteten Beton des Schornsteinkopfes legten wir eine Schablone aus Weiß-

blech auf die Konstruktionseisen und darüber eine Schicht aus Dachpappe (Bild 49). Hier empfehlen wir, daß Sie statt der Dachpappe Asbesttauwerk als Abstandshalter verwenden. Auf die Dachpappen- bzw. Asbestzwischenlage stellen Sie nun die Rauchrohrverlängerung aus „Fulgurit", hier mit 10/10 cm Lichtweite. Bitte beachten Sie: Diese Rohre sind als Rauchrohrverlängerung nicht überall zugelassen, sie neigen bei starker Hitze zum Reißen. Das haben wir bislang jedoch nicht beobachtet. Außerdem werden diese Rohre nur in unwirtschaftlichen Längen geliefert. Demnach nehmen Sie lieber ein V-2-A-Rauchrohr mit 100 mm Lichtweite und kaufen gleich eine passende Regenschutzabdeckung dazu oder ein Steinzeugrohr von 100 mm Lichtweite und 100 cm Länge, von dem Sie den Wulst mit der „Flex" abtrennen.

Wählen Sie ein Steinzeugrohr, so wird es

Bild 52, 53: Einzelheiten zu der Schornsteineinfassung aus Blei

mit der geriffelten Seite nach unten eingebaut, um eine gute Verbindung mit dem
Beton zu erhalten.

Wir bauten also das „Fulgurit"-Rohr (zur
Schornstein-Erhöhung bis auf 2,70 m) ein,
zentrierten es und stützten es an der Scha-
lungskonstruktion ab (Bild 50). Dann wurde
die Schornsteinabdeckung mit einer Höhe
von 8 cm geschüttet und dabei das Rauchrohr gleich mit einbetoniert. Wir verwendeten Frischbeton, wie er auch bei Hausschornsteinen für diesen Zweck verwendet
wird. Zu empfehlen ist aber in jedem Fall
feuerfester Beton, auch, wenn er wesentlich
teurer ist. Der obere Teil des Backofen-
schornsteins wird nämlich etwas wärmer als
ein Hausschornstein in 7 und mehr Metern
Höhe! Verwenden Sie auch keine ringförmi-
gen Baustahleinlagen zur Bewehrung. Die
Hitze könnte durch Ausdehnungsprozesse
die Abdeckung auseinandertreiben.

Wenn Sie die geschüttete Abdeckung planeben abziehen, dann arbeiten Sie in Rich-
tung zur Schornsteinmitte eine kleine Neigung (z. B. 1,5 cm in bezug auf die Außenkante) ein, um den Abfluß des Regen- oder
Schmelzwassers zu sichern.

Damit ist das Baugewerk „Schornstein" abgeschlossen und Sie, wie auch Ihre Helfer,
haben einen Grund, das Richtfest zu feiern.

Richtfest

An diesem Bau war ich die überwiegende
Zeit mehr oder weniger alles in einer
Person: Bauherr, Maurer, Polier, Erdarbei-
ter, Zimmermann, Klempner, Eigenbau-
Unternehmer und …

Davon abgesehen kommen Sie, wenn Sie
nicht aus der Branche sind, um Gespräche
mit Fachleuten nicht herum, ja, Sie

brauchen auch bei diesem kleinen Bauobjekt die Hilfe der Familie oder freundlich gesinnter Nachbarn.

Kurioserweise mußte ich auch noch meine eigene Rede halten, und so ist mir der Vierzeiler in Erinnerung, den ich mir eigens für diesen Zweck ausgedacht hatte:

„Das Brot, von dem wir leben,
soll über Jahr' hinfort,
uns dieser Ofen geben,
an diesem schönen Ort."

Bild 51 soll Sie schon etwas in Richtfeststimmung versetzen, dann geht es am nächsten Wochenende mit dem Eindecken des Daches weiter.

Das Dach wird eingedeckt

Für die Dachhaut sind rotbraune „Frankfurter Pfannen" vorgesehen. Sie benötigen diese Pfannen als Normalsteine, Schlußsteine, Lüfter- und Firststeine.

Das Eindecken beginnt an der unteren rechten Außenkante mit einem Normalstein und endet in der ersten Reihe links mit einem Schlußstein. Ordnen Sie die Pfannen so an, daß die Überstände an den Giebelseiten gleich lang sind.

Die äußeren Steine müssen gesichert werden. Die Pfannen werden dazu mit einem Widiabohrer angebohrt und unter Verwendung verzinkter Nägel an der Unterkonstruktion befestigt. Auch die zweite Reihe wird wieder rechts begonnen, diesmal ist aber mittig ein Lüfterstein eingebaut. Im Bereich des Schornsteines werden die Pfannen mit der „Flex" ausgeschnitten. Eine zusätzliche hochkante Lattung in diesem Bereich verteilt die Auflagekräfte bei den ausgeklinkten Steinen.

Nachdem wir uns Rat bei Handwerkern

Bild 54: Die Kappleiste dichtet den Schornsteinkopf ab
Die Firstpfannen sind aufgebracht

geholt und einige Hausschornsteine untersucht hatten, frästen wir mit der „Flex" eine Fuge in die Schornstein-Außenhaut. In diese Fuge wurde die Oberkante der Schornsteineinfassung aus Blei eingebördelt und mit Silicon-Dichtstoff versiegelt.

Die Einfassung besteht aus 1 mm dicken und ca. 30 cm breiten Bleibahnen, die als Rollenmaterial im sanitären Handel erhältlich sind.

Nehmen Sie also etwas Blei von der Rolle, und fertigen Sie davon eine Bleiabdeckung in der Art, wie es in den Bildern 52 und 53 gezeigt ist. Die Zuschnitte werden so ausgelegt, daß sich schnabelförmige, übereinanderliegende Falze ergeben. Nachdem das Blei mit einem Kunststoff-, Gummi- oder Holzhammer den Konturen der Pfannen angeglichen worden ist, werden die Falze verlötet. Das Verlöten ist für Ungeübte nicht so einfach. Schaben Sie die Falze

längs der Naht sauber und wärmen Sie sie durch gleichmäßiges Aufheizen mit einer Lötlampe (ersatzweise „gaz"-Lampe mit passendem Brenner) auf.

Achtung! Im Sommer sehen Sie die Flamme bei Sonnenlicht kaum, und im Herbst stehen meist kalte, zugige Winde auf der Einfassung, die Flamme wird ständig ausgeblasen, und es ist kein schönes Arbeiten.

Also, nach dem Aufwärmen der Falze streichen Sie einmal mit einer Stearinkerze über das Blei. Das Stearin wirkt als Anti-Oxidations- und Flußmittel. Dann wird die Naht wieder erwärmt und punktweise sog. „30er Stangenzinn" aufgebracht. Weiteres gleichmäßiges Aufwärmen läßt das Lötzinn schmelzen, und Sie können es nun mit einem gefetteten Lappen oder mehrfach gefaltetem Zeitungspapier sauber in den Falz hineinstreichen.

Erwärmen Sie das Blei zu stark, dann

Bilder 55, 56: Der fast fertige Feldbackofen in verschiedenen Ansichten

verfärbt es sich metallisch. Es bilden sich kleine Tropfen auf der Oberfläche, und im Nu haben Sie ein Loch in die Einfassung gebrannt. Das läßt sich zwar durch Auflegen eines Flickens wieder beheben, sieht aber nicht besonders gut aus.

Hinweis: Heute ist es nicht mehr üblich, die Schornstein-Außenhaut einzufräsen, es ist technisch auch nicht erwünscht. Aber man ist hinterher immer schlauer, auch als Bauherr.

Die Schornsteinfassung aus Blei wird heute flach an die Wandung angelegt und nur durch die Kappleiste gehalten. Die Kappleiste ist gleichzeitig auch Dichtung gegen Schnee und Regen. Diese Leisten sind ohnehin ein Problem für sich. Jeder Klempner scheint hier seine eigene Kalibrierung zu haben. Sie bekommen auf dem Lande garantiert keinen Ersatz, wenn Sie das mitgebrachte Material „verschnippelt" haben

und nun einen halben Meter davon noch gebrauchen könnten.

Die Kappleisten sind normalerweise aus Zinkblech. Daraus müssen Formstücke geschnitten und mit Hilfe von Lötwasser überlappend zusammengelötet werden.

Gehen Sie nicht diesen mühseligen Weg, den ich nach einem Tag der Mißerfolge aufgab.

Der Dorfklempner bot mir eine neue Technik an, wie sie heute allgemein verwendet wird.

Die neue Kappleiste aus verzinktem Stahlblech ist in Längen von 2,5 m im Handel. Bei der Verarbeitung dieser Leisten wird nicht mehr gefräst, mit Mörtel verstrichen oder gelötet.

In Anlehnung an Bild 54 schneiden Sie sich einfach die Teilstücke zurecht, um sie dann übereinanderlappend zu montieren. Die Befestigung erfolgt mit Mauerhaken und

Dübeln. Die Abdichtung zur Schornstein-Außenhaut erfolgt über einen Dichtungswulst aus plastischem Material, den Sie vor der Montage in die rückseitige obere Fuge der Sicke der Kappleiste eingelegt haben. Das Dichtungsmaterial paßt sich durch den Druck der Mauerhaken den Unebenheiten der Schornsteinhaut an und dichtet zuverlässig ab. Zusätzlich müssen Sie alle Falze noch mit Silicon-Dichtungsmasse verstreichen. In Bild 54 ist das zu erkennen.

Die Vorarbeiten mit Zink-Kappleisten hatten einen Tag gedauert und brachten keinen Erfolg. Die Konstruktion mit der neuen Technik war in einer Stunde fertig!

Hier noch ein wichtiger Tip: Schlagen Sie die oberen Mauerhaken nicht in die Fuge, wie es im Bild zu sehen ist, sondern bohren Sie dazu besser die Ziegel der letzten Schicht an und verwenden Sie Dübel! Anderenfalls kann es Ihnen trotz vorsichtigen Hantierens und obwohl Sie ebenfalls Dübel verwendet haben passieren, daß sich der Schornsteinkopf abhebt und Sie den oberen Schornsteinteil (wie wir) noch einmal neu aufbauen müssen.

Bild 57: Die Ofentür ist eingebaut, das Feuer lodert

Nun können auch die Firstpfannen aufgesetzt werden. Erforderliche Teilstücke trennen Sie mit der „Flex" ab. Die Firststeine werden so gesetzt, daß der kleinere Radius zur Wetterseite (Westen) zeigt.

Der First ist als sog. „Mörtelfirst" geplant. Hier liegen die Firstpfannen in einem Mörtelbett, im Gegensatz zum Trockenfirst. Zunächst die Vorarbeiten: Zwischen die oberen beiden Dachlatten legen Sie über die ganze Länge des Firstes ein paar V-förmig gefalzte Dachpappenstücke. Sie sollen verhindern, daß der Mörtel auf das Gewölbe fällt. Dann bereiten Sie der ersten Pfanne unmittelbar hinter dem Schornstein ein sattes Mörtelbett und drücken den ersten Firststein in das Bett hinein. Verfahren Sie so weiter, bis die Firstpfannen, wie in Bild 54 zu sehen, aufgebracht sind. Der Überstand der Steine beträgt jeweils ca.

Bild 58: Das erste fertige und durchgebackene Brot

48

5 cm. Die Stirn- und Seitenflächen müssen vollfugig vermauert und sauber glattgestrichen werden.

Hinweis: Der Mörtel unter der Pfanne setzt sich noch etwas und quillt dann an den Längsfugen heraus. Etwa eine Stunde nach dem Vermauern sollten Sie deshalb die Längsfugen noch etwas nacharbeiten. Nachdem Sie auch noch die vordere Teilpfanne zwischen den Giebel und den Schornstein eingebaut haben, sind auch die Arbeiten am First abgeschlossen.

Die Restarbeiten

Die Bilder 55 und 56 zeigen den schon fast fertigen Feldbackofen. Der Schornstein hat als Abschluß eine Regenschutzhaube aus „Fulgurit" bekommen und ist soweit fertig.

Die Ortgangblenden: Hier gibt es eine Vielfalt von technischen Möglichkeiten, auch mit Ortgangsteinen, die bei diesem kleinen Bauwerk aber zu wuchtig aussehen würden. Wir bauten eine Hinterfütterung aus Brettern, die auf die Latten der Dachkonstruktion aufgenagelt wurden. Wenn Sie die Lattung lang genug stehen gelassen haben, dann können Sie sich die Unterfütterung sparen.

Darauf kamen gehobelte Ortgangblenden, die an der Oberseite bündig mit den Dachziegeln abschneiden. Auf die Oberkante der Blenden nagelten wir noch Leisten, die auf die Dachpfannen übergreifen und einen zusätzlichen Schutz vor Regen bieten. Außerdem wurden die Kehlen zwischen den Leisten und den Dachpfannen, soweit erforderlich, mit Silicon-Masse abgedichtet.

Eine seitliche Holzkonstruktion aus Dielenbrettern mit der Feder nach unten (Traufrinne) verhindert mit zusätzlichen Lochblenden, daß sich Vögel im Dachstuhl einnisten. Gleichzeitig ist die notwendige Luftzirkulation zur Hinterlüftung der Dachhaut gewährleistet.

Die Blenden und die Hölzer zum Unterfüttern wurden mit Holzschutzmittel behandelt, die Blenden außen zusätzlich mit Vorstreichlack und einer abschließenden Lackierung versehen.

Die Ofentür (Bild 57) wurde beim Dorfschmied in Auftrag gegeben, nachdem der Boden des Feuerloches verputzt worden war. Die Türkonstruktion besteht aus einem umlaufenden Rahmen aus Winkeleisen, der sich den Konturen des Feuerloches anpaßt. Mittels dreier angeschweißter Laschen ist er am Innen-Mauerwerk befestigt. An den Winkeleisenrahmen sind Angeln angeschweißt, in die die Tür eingehängt wird. Die Ofentür hat im unteren Drittel ein verstellbares Loch für die Regulierung der Luftzufuhr. In Bild 57 erkennen Sie außerdem eine aufgeschweißte Bewehrung aus geflochtenem Rundeisenmaterial. Hier soll zur besseren Wärmehaltung noch ein Futter aus feuerfestem Beton geschüttet werden.

Auch lodert bereits ein Feuer, denn das erste Brot sollte nach vorangegangenen Trockenheiz-Perioden gebacken werden. Bild 58 zeigt Ihnen den Lohn der Arbeit, das erste schmackhafte und durchgebackene Bauernbrot aus diesem Feldbackofen.

Das Einbrennen des Feldbackofens

Bevor Sie den Ofen aufheizen und darin das erste Brot backen, muß der Bau nach der Fertigstellung erst einmal 3-4 Wochen austrocknen.

Der feuerfeste Mörtel, mit dem Sie die Schamotte-Innenschale gemauert haben, hält nämlich die Feuchtigkeit durch seine lehmartige Konsistenz noch wochenlang und trocknet nur sehr langsam aus.

Wenn Sie nun den Ofen gleich stark aufheizen, dann kann es passieren, daß das Werk von Wochen oder Monaten im Nu zunichte wird, denn der entstehende Dampf treibt das Mauerwerk auseinander und führt zu kaum reparablen Rissen.

Nach dem Trockenprozeß an der Luft beginnt also der Einbrennvorgang, der über mehrere Tage verteilt wird.

Am 1. Tag entzünden Sie nur etwas Papier und unterhalten ein kleines Feuer mit ein paar Hobelspänen oder Anmachholz, Heizdauer etwa ein halbe Stunde.

Am 2. Tag wird die Aufheizzeit auf ca. eine dreiviertel Stunde erweitert, wobei Sie schon 3 bis 4 Birken- oder Buchenholzscheite verbrennen können.

Am 3. Tag wird bereits mit 6 bis 8 Scheiten eine Stunde lang geheizt, **am 4.** die Zeit noch etwas gesteigert, wofür Sie etwa 10 bis 12 Scheite benötigen.

Überprüfen Sie nun mit einem Schraubenzieher oder Dorn ob der Mörtel in allen Innenfugen des Backraumes auch fest ist, ggf. müßten Sie das Einbrennen noch etwas fortsetzen.

Bild 59: Brot-Backformen aus Weidenruten

Das Aufheizen des Feldbackofens

Das Aufheizen des Ofens will gelernt sein und erfordert etwas Erfahrung.

Nach vielen Gesprächen mit älteren Menschen läuft des Zeremoniell des Anheizens etwa wie folgt ab, was wir durch eigenes Erfahren bestätigen können: Trockene Reisigbündel werden im hinteren Ofenraum verteilt und damit ein schnelles, heißes Feuer entfacht. Je nach der Gegend, in der der Ofen stand, nahm man z. B. in Schleswig-Holstein auch Knick- oder Buschholz, wie etwa das dornige Schlehenholz.

Das Feuer wird nun unterhalten, indem Sie mit Laubholz weiter heizen und zwar so lange, bis nach ca. einer Stunde eine Glut entstanden ist, die die gesamte Bodenfläche des Ofens bedeckt. Gut verteilt werden dann weitere Scheite aus Laubholz (Birke, Buche, Ahorn, Esche, Eiche) nachgelegt. Vereinzelt wird aber auch mit Stubbenholz (Kiefer o. ä.) oder Torf geheizt. Die richtige Innentemperatur des Backofens wird auf diese Weise nach 2½ - 3 Stunden erreicht, was auch von der Wärmespeicherfähigkeit des Ofens und der Außentemperatur abhängt. Bei spätherbstlichen Temperaturen von 12 °C benötigten wir 3 Stunden zum Aufheizen. Für niedrigere Temperaturen haben wir noch keine Erfahrungswerte. Nach etwa 2½ Stunden Aufheizzeit sollten Sie nur noch wenig Holz nachlegen, so daß nach dieser Zeit überwiegend Glut im Ofen ist, die ab und zu aufgelockert werden muß.

Ob der Backofen heiß genug ist, erkennen Sie an der Innenwölbung des Feuerraumes: Ist zunächst der Innenraum durch das etwas feuchte Feuerholz verrußt und im Bereich der Ofentür auch etwas verteert, so brennt die heiße Flamme diese Rückstände zum größten Teil wieder weg. Die Schamottesteine des Gewölbes und die Seitenwandungen werden langsam weiß. Nun müssen Sie schnell handeln, um die kostbare Wärme im Ofen zu halten. Ist das letzte Holzscheit verbrannt, also nur noch reine Glut im Ofen, dann wird mit einem Blechschieber alle Glut aus dem Ofen genommen (Varianten s. folgender Text). Dann müssen Sie die Drosselklappe im Schornstein verschließen. Mit einem sauberen, nassen Scheuerlappen, den Sie um einen Schrubber (Naturborsten!) gewickelt haben, reinigen Sie schnell den Boden des Backraumes von Glutrückständen.

Die Temperaturkontrolle für den Backvorgang: Ein Bimetall-Ofenthermometer, das Sie direkt auf die Steine am Boden des Backraumes stellen, wird Ihnen nach ca. 3 Minuten eine Temperatur von etwa 200 bis 240°C anzeigen. Die Altvorderen prüften die Backraumtemperatur mit einer ausgedroschenen Roggenähre. Sie steckte im Brotlaib und wurde mit dem Brotschieber kurzzeitig in den Ofen gebracht. Eine schwarzbraune oder schwarze Verfärbung der Ähre zeigte an, daß der Ofen noch abkühlen mußte. Es gibt auch noch andere Kontrollmöglichkeiten, die ich aber nur vom Hörensagen kenne: Ein knisternder Strauch, Probeteige usw.

Der Backvorgang

Wie verwendeten für unseren ersten Backversuch eine Fertig-Backmischung ohne Sauerteig, wie sie im Lebensmittelhandel überall erhältlich ist. Den vorbereiteten Teig legten wir für den letzten Vorgang des „Gehens" in eine Brotform aus Weidenruten, die wir vorher mit etwas Mehl einstäubten. Solche Backformen findet man gelegentlich noch bei Trödlern, Formen dieser Art werden aber auch noch in gewerblichen Bäckereien benutzt (Bild 59). Das so vorbereitete Brot nehmen Sie vorsichtig aus der Form, legen es auf den Brotschieber und plazieren es dann im Backraum direkt auf dem Steinboden. So können Sie ohne Schwierigkeiten 4 Brote im Ofen unterbringen.

Haben Sie keine Bedenken, auf den heißen Bodensteinen verbrennt nichts!

Die Backofentür bleibt jetzt für die nächsten 1 bis 1½ Stunden geschlossen! Die Fertig-Backmischungen auf der Basis von Hefeteig könnten Ihnen sonst bekanntlich zusammenfallen. Anders ist es bei den festeren Sauerteigbroten, auf die wir aber noch kommen.

Nach ca. 1½ Stunden Backzeit ist das Brot fertig. Sie können das Herausnehmen aus dem Ofen prüfen, indem Sie mit dem Fingerknöchel den Boden des Brotes beklopfen. Klingt das Klopfgeräusch hohl, dann ist das Brot durchgebacken. Das Ergebnis unseres ersten Backens zeigt Ihnen Bild 58.

Wünschen Sie mehr Bräune oder mehr Kruste an der Brotoberfläche, dann erreichen Sie das durch eine Schale mit Wasser, die Sie zu Beginn des Backens mit in den Ofen stellen.

Es gibt auch noch andere Backverfahren. Danach wird die Glut im Ofen gelassen und mit dem Blechschieber für die Brote eine Gasse gemacht. In diese Gasse werden die Brote eingeschoben und für 10 Minuten im Ofen gelassen, wobei sie „gersteln". Sie werden dann kurz herausgenommen, mit Wasser bestrichen, dann wieder eingeschoben und fertig gebacken. Wir haben diese Methode noch nicht probiert, halten sie aber für Sauerteigbrote für eine interessante Variante.

Bekannt ist auch, daß die Glut hinten im Ofen zusammengeschoben, das Brot in der Mitte gebacken und der Backraum nach

Bild 60: Backofen vom Hof Peters

vorne durch die andere Hälfte der Glut abgeschlossen wird.

Achten Sie beim Backen mit Glut auf einen ausreichenden Abstand zu dem Brot, damit es Ihnen nicht verbrennt, oder schirmen Sie die direkte Wärmestrahlung durch das Einbringen von schmalen Ziegeln vom Backgut ab.

Weitere Einsatzmöglichkeiten für den Feldbackofen

Der Backofen, der ja Temperaturen wie der heimische Elektro- oder Gasherd erreicht, ist vielseitig einsetzbar.

Ob Spanferkel, Kartoffeln, Bratäpfel, Pizza, Plattenkuchen aller Art, Christstollen, Brot und Brötchen, alles läßt sich grillen, dünsten und backen. Wenn die Temperatur nach 2 Stunden auf etwa 100°C abgesunken ist (ohne Glut), dann können Sie immer noch

Pflaumen, Äpfel, Pilze, Tees oder Kräuter dörren bzw. trocknen.

Das Sammeln von Erfahrung bleibt Ihnen aber überlassen, wie es mit den Traditionen und den Geschmacksrichtungen überhaupt so eine Sache ist.

Die einen backen den Butterkuchen in 10 Minuten Backzeit vor dem Brot und andere wiederum danach. Manche stört der herbe Holzgeschmack des Brotes, der entsteht, wenn die Glut im Ofen belassen wird, andere ziehen gerade dieses Brot allen anderen Sorten vor.

Schwierigkeiten hatten wir mit dem Backen von Brot in Kastenformen, die wir direkt auf die Steine stellten. Das Brot bäckt dabei im Ofen ohne Glut nicht ganz durch, mit Glut müßte es aber sicher gelingen.

So bleiben wir vorerst bis zu weiteren Versuchen im Frühjahr bei der Glut-Raus-Methode.

![Backofen im Museumsdorf Hamburg-Volksdorf]

Bild 61: Backofen im Museumsdorf Hamburg-Volksdorf

Fotos verschiedener Steinbacköfen

Bild 60 zeigt den Feldbackofen vom Hof Peters, einer der letzten dieser Art in Niedersachsen, wie er heute noch in Betrieb ist. Fassungsvermögen: 24 Brote.
Bild 61 zeigt den Backofen im Museumsdorf Hamburg-Volksdorf, der ebenfalls noch zeitweise angeheizt wird.
In Bild 62 erkennen Sie auch das klassische Zubehör zum Feldbackofen: Einen Schieber (nds. Kruke) zum Herausnehmen der Glut, in der Mitte und rechts Brotschieber (nds. Schüssel).

Weitere Backöfen aller Art, die noch regelmäßig in Betrieb sind, können Sie im Freilichtmuseum „Am Kiekeberg" bei Hamburg oder im Museumsdorf Molfsee bei Kiel besichtigen.

Bild 62: Zubehör für Backofen

Backpraxis

Bewährte Brot- und Brötchenrezepte

1. Landfrau Peters' Roggenbrotrezept

Schwarzbrot oder Grobbrot

50 Pfd. Roggenmehl in den Backtrog schütten. Eine Mulde machen. 2 Pfd. Sauerteig und 3 Hände voll Salz in 15 l lauwarmes Wasser da hineingießen. Alles gut vermengen. Mit einem Backlaken zudecken. Darüber eine Federbettdecke.

Am anderen Morgen den aufgegangenen Teig auskneten. Roggenmehl nach Bedarf dazunehmen. Etwa 2 Std. ruhen lassen. Nur mit dem Laken bedecken. Dann nochmal kneten, wenn nötig Mehl dazu. 10 Brote formen. Mit lauwarmem Wasser bestreichen.

Mit dem Messer eine Seite einschneiden und obendrauf 4 Löcher mit dem Messer stechen. 3 Stunden backen.

2. Mischbrot mit Sauerteig

Zutaten:
500 g Roggenmehl (Typen 1150, 1370)
500 g Weizenmehl (Typen 405, 550, 1050)
60 g Sauerteig
2½ Päckchen Trockenhefe
2 TL Salz
1 EL Zucker
0,5 l Wasser

Zubereitung:
Sauerteig mit Mehl und Salz verkneten und so viel warmes Wasser hinzugeben, daß der Teig noch geschmeidig bleibt.

Teigkloß formen und über Nacht abgedeckt (feuchtes Tuch) an warmem Ort gehen lassen.

Morgens die Hefe und den Zucker in handwarmem Wasser auflösen und unter den Teig kneten.

Brot formen, auf leicht gefettetes Backblech legen und nochmals abgedeckt ca. 2 bis 3 Std. gehen lassen.

Dann das Brot mit Wasser bestreichen, drei- bis viermal mit einer Gabel an der Oberfläche einstechen und bei 225°C ca. 45-60 Minuten backen. Eine Tasse heißes Wasser auf den Boden des Backofens stellen und beim Backen im Ofen lassen.

3. Heidebrot

Zutaten:
350 g Roggenmehl, Type 1150
150 g Weizenmehl, Type 405
30 g Frischhefe
12 g Salz
1/2 TL gemahlener Kümmel, falls erwünscht
3/8 l Buttermilch

Zubereitung:
Buttermilch anwärmen (handwarm). Mehl, Salz und ggf. Kümmel in einer Rührschüssel vermischen.

Hefe darüber bröckeln, Buttermilch hinzugeben und alles zu einem geschmeidigen Teig verarbeiten. Den Teig zu einem Kloß formen und mit Mehl bestäuben.

Teigkloß in Steingutschüssel legen und abgedeckt an warmem Ort ca. 20 Minuten gehen lassen.

Ist der Teig gegangen, bilden sich Risse auf der bemehlten Oberfläche.

Teigkloß nochmals gut durcharbeiten. Wieder eine Kugel formen, etwas bemehlen und auf ein gut gefettetes Backblech legen. Jetzt die Kugel nochmals ca. 20 Minuten abgedeckt gehen lassen. Dann die Oberfläche ca. 1 cm tief kreuz- oder gitterförmig einschneiden.

Auf mittlerer Schiene bei ca. 200°C ca. 45 Minuten abbacken.

Quelle: Georg Plange, Weizenmühlen, Hamburg-Düsseldorf

4. Roggenbrot

Zutaten:
2,5 kg Roggenmehl (Typen 1150, 1370)
1 l Wasser
2½ TL Salz
Sauerteig in der Größe eines Apfels

Zubereitung:
Am Abend vor dem Backtag die Hälfte des Mehles mit dem angewärmten Wasser und dem Sauerteig zu einem Brei verrühren.
Den Brei gut mit Mehl bestäuben und mit einem feuchten Tuch abgedeckt an warmem Ort gehen lassen. Darauf Teig mit dem Salz und dem übrigen Mehl gut verkneten.
Dann Brot formen, zum weiteren Gehen (für 2-3 Std. auf ein mit Mehl bestäubtes Backbrett legen. Backdauer: 2-2½ Std. im Feldbackofen.

Varianten:
Statt des Wassers kann man auch Buttermilch nehmen, dann aber nur die Hälfte des Sauerteiges verwenden.
Sollte der Teig über Nacht nicht genug gegangen sein, so kann man beim Auskneten noch etwas Hefe hinzugeben.

5. Weizenschrotsemmeln

Zutaten:
250 g Weizenmehl (Type 405, 550)
250 g Weizen-Vollkornschrot (Type 1700)
1 Päckchen Trockenhefe
10 g Salz
½ l Milch

Zubereitung:
Wie Rezept 6, Backzeit 15-25 Minuten, 225°C, mittlere Leiste.

6. Mohn-Roggenbrötchen

Zutaten:
400 g Roggenmehl (Type 1150, 1370)
200 g Weizenmehl (Type 405, 550)
1 ½ Pächcken Trockenhefe
⅛ l Wasser
⅛ l Milch, bei Bedarf etwas mehr
2 TL Salz
Mohn zum Bestreuen, Milch zum Bestreichen

Zubereitung:
Alle Zutaten zunächst ohne Flüssigkeit gut vermischen, dann die handwarme Milch und das Wasser hinzugeben und zu einem geschmeidigen Hefeteig verarbeiten.
Einen Kloß formen und diesen abgedeckt in einer Steingutschüssel an warmem Ort ca. 30 Minuten gehen lassen.
Teig dann nochmals durchkneten, zwei längliche Rollen formen, Teigstücke für die Brötchen abschneiden, Brötchen formen und diese auf ein leicht gefettetes Backblech legen. Abgedeckt ca. 30 Minuten gehen lassen. Dann Oberfläche kreuzweise ca. 1 cm tief einschneiden, Brötchen mit Milch bestreichen, Mohn darüber streuen und etwa 25-30 Minuten im vorgeheizten E-Herd bei ca. 225 °C auf mittlerer Leiste backen.
Eine Tasse heißes Wasser beim Backen auf den Boden des Backofens stellen.

7. Weizenbrötchen

Zutaten:
500 g Weizenmehl (Type 405, 550)
⅛ l Milch
⅛ l Wasser
1 gestr. EL Salz
1 EL Zucker
1 EL Margarine
1 Päckchen Trockenhefe

Zubereitung:
Wie Rezepte 5 und 6, Backzeit ca. 25 Minuten, 250 °C, mittlere Leiste.

Sauerteigrezepte

Sauerteig I

Zutaten:
250 g Roggenmehl (Typen 1150, 1370)
1/8 l warmes Wasser
1 EL Rum oder Weinbrand

Zubereitung:
Die Zutaten zu einem geschmeidigen Teig verarbeiten. Den Teig in ein Gefäß geben und abgedeckt an warmem Ort 48 Std. gehen lassen.

Sauerteig II

Zutaten:
3 EL Roggenmehl (Typen 1150, 1370)
1 TL Zucker
Milch

Zubereitung:
Wie Sauerteig I.

Hinweis:
Pasteurisierte oder kurzzeiterhitzte Tütenmilch säuert schlecht. Sie wird meist schleimig oder bitter. Wenn Sie also diese Milch verwenden, dann geben Sie einmalig beim Ansetzen des Sauerteiges einen TL „Dikmelk" dazu.

Sauerteig III

Zutaten:
5 g Frischhefe
0,2 l Magermilch
150 g Roggenmehl (Type 1150)
150 g Weizenmehl (Typen 405, 550)

Zubereitung:
Hefe in lauwarme Magermilch einrühren, dann mit dem Mehl zu einem Teig vermengen. Den Teig kneten bis er blank ist. In eine Schüssel geben und mit Plastikfolie abdecken. Ein paar Löcher zur Luftzufuhr in die Folie stechen. An warmem Ort ca. 24 Std. gehen lassen.

Hinweise für Sauerteig:
Der reife Sauerteig hat einen nicht gerade angenehmen Geruch. Werfen Sie ihn also nicht aus Unkenntnis fort; Sie tun es mit pikantem Käse ja auch nicht! Und was den Geruch angeht, der verbäckt sich.
Backen Sie öfters Brot, dann empfiehlt es sich, einen Teil des Brotteiges in einer Steinkruke aufzubewahren. Wenn Sie noch etwas Salz unter den Restteig kneten, das Gefäß abdecken und an einem kühlen Ort lagern, dann hält sich der Sauerteig 8-14 Tage.
Sie können fertigen Sauerteig auch beim Bäcker kaufen. Abgesehen davon, daß ihn einige Bäcker aber nicht gerne abgeben, können sie es teilweise auch nicht, weil sie Fertigbackmischungen verwenden.

Industriell hergestellte Backmischungen

Fertigbackmischungen ermöglichen Ihnen ein problemloses Backen. Sie werden von großen Nahrungsmittelfirmen und Mühlen angeboten und sind überall im Handel erhältlich.
Unser erstes im Feldbackofen gebackene Brot haben wir auch mit einer Fertigbackmischung hergestellt.
Dann gibt es noch eine spezielle Art von Backmischungen, wo die Zutaten einzeln in einem leinenen Brotsack angeboten werden. Hier wird sogar der Sauerteig in flüssiger Form mitgeliefert. Der Brotsack ist aber nicht überall erhältlich, wird aber auf Bestellung vom Hersteller auch versandt:

Fragen Sie nach *ISERNHÄGER Brotsack zum Selberbacken (Vollkorn-Schrotbrot und Landbrot), Firma Isernhäger Landkost, Menge KG, Hauptstraße 56, 3004 Isernhagen 2.*

Auch auf dem Markt der Reformköstler tut sich etwas. Verlangen Sie eine Rezeptsammlung für die Brotherstellung mit SEKOWA-Spezial-Backferment nach Hugo Erbe.
Firma BACKTECHNIK GMBH, 6364 Florstadt 1, Postfach 80.

Brotmehle

Es gibt eine Reihe von Brotmehlen, die sich im Aschgehalt unterscheiden und die mehr oder weniger gut für das Brotbacken geeignet sind.
So wird ein Mehl mit einem Aschegehalt von 1,150% als Type 1150 bezeichnet.
Hier eine kleine Auswahl gebräuchlicher Mehle:

Roggenmehl:
Type   815
Type   997
Type 1150
Type 1370
Type 1740
Roggenbackschrot
Type 1800
Weizenmehl
Type   405
Type   550
Type   630
Type   812
Type 1050
Type 1600
Weizenbackschrot
Type 1700
Roggengemengemehl
1550

Im Handel (Reformhäuser und Kaufhäuser) sind die Roggenmehle der Typen 1150, 1370 und 1800 sowie die Weizenmehle 405, 550, 1050 und 1700 erhältlich, die für alle Brote geeignet sind und worauf sich auch die Rezepte beziehen. Anzumerken wäre, daß sich die Weizenmehle 405 und 550 mehr für Feingebäck eignen, da durch die Art der Vermahlung wichtige Bestandteile für das Brotbacken fehlen.

Sollte Sie Ihr Weg einmal nach Dänemark führen, dann vergessen Sie es nicht, sich dort mit Brotmehlen aller Art einzudecken. Man bekommt das Mehl in Kaufhäusern und Lebensmittelgeschäften einschließlich des Sauerteiges, der aus der Tiefkühltruhe angeboten wird.

Hier also die wichtigsten dänischen Brotmehlbezeichnungen:

blandningsmel	= Mischmehl, z. B. „sigtemel"
fuldkorns hvedemel	= Weizen-Vollkornschrot
fuldkorns rugmel	= Roggen-Vollkornschrot
grahamsmel	= Grahamsmehl
hvedeklid	= Weizenkleie
hvedemel	= Weizenmehl
hele hvedekerner	= Weizenkörner, ganz
knust hvede	= gequetschter Weizen
knust rug	= gequetschter Roggen
rugmel	= Roggenmehl
rugsigtemel	= Mischmehl, 1/3 Weizenmehl, 2/3 Roggenauszugsmehl
sigtemel	= Mischmehl, 1/2 Weizenmehl, 1/2 Roggenauszugsmehl
surdej	= Sauerteig

Typenangaben sind auf den Mehlverpackungen in Dänemark nicht üblich, dagegen aber eine große Auswahl bebildeter Rezepte.

Brot-Backfehler

Wie schon im Vorwort erwähnt, haben wir eine Menge an Erfahrung sammeln müssen, ehe es uns gelungen ist, ein Brot zu backen, das geschmacklich und äußerlich in etwa den Produkten der Handwerksbäcker entsprach. Und das gelang uns vorerst auch nur mit Hilfe von Fertigbackmischungen, so daß auch wir noch ständig dazulernen müssen.

Um auch Ihnen zu einem zufriedenstellenden Backergebnis zu verhelfen, hier nun eine kleine Auswahl der häufigsten Backfehler:

Brotfehler	Ursache	Abhilfe
flaches Brot	zu lange Gare oder schlechtes Backmehl oder Teig zu weich oder zu kühler Ofen oder zu alter Sauerteig	Brot früher in den Ofen
rundes, hohes Brot	zu knappe Gare oder Ofen zu heiß oder zu fester Teig	Brot später in den Ofen
seitliche Risse	zu knappe Gare oder Ofen zu heiß, dadurch zu schnelle Krustenbildung	Brot später in den Ofen Brote nicht zu eng schieben
Oberflächenrisse	zu knappe Gare zu wenig Wasser	Brot später in den Ofen mehr Wasser

Einzelheiten über Krusten-, Krumen- und Geschmacksfehler siehe Spezialliteratur.

Anhang

Kleines Fachwort-ABC

Abbinden	Bei Beton oder Zement der Übergang vom plastischen in den erstarrten Zustand
Absäuern	Das Entfernen von Mörtelspritzern auf dem Mauerwerk mit verdünnter Salzsäure
Abstandshalter	Fixieren die Lage der Bewehrung im Beton
Abstecken	Übertragen der Maße aus dem Lageplan auf die Baustelle
Abziehen	Glätten der Betonfläche
Anmachwasser	Wasser zum Bereiten von Beton oder Mörtel
Annässen	Das Anfeuchten von Mauersteinen
Arbeitsfuge	Sie entsteht, wenn Betonkonstruktionen in mehreren Arbeitsgängen errichtet werden und auf erstarrten Beton neuer Frischbeton aufgebracht wird
Aushub	Aus der Baugrube entferntes Erdreich
Ausschalen	Ausbau der Schalung
Baustahlgewebe	Genormte Stahlgewebematten zur Bewehrung von Beton
Bauwinkel	Lattenkonstruktion für rechten Winkel, Seitenverhältnis 3:4:5
Beton	Künstlicher Stein-Werkstoff aus Zement, Zuschlagstoffen und Wasser
Betongüte	Bezeichnung nach Festigkeitsklassen, erreicht durch verschiedene Mischungsverhältnisse von Zement, Zuschlagstoffen und Wasser. Bezeichnungen als Bn 100, Bn 150, neu B 10, B 15 usw.
Bewehrung	Stahleinlagen in Form von Matten oder Rundeisen nach statischen Bauauflagen
Bindemittel	z.B. Zement, Kalk, Gips
Dachhaut	Sie besteht aus den Dachziegeln
Dämmstoffmasse	Poröser, grobkörniger Fertigmörtel zur Wärmeisolierung bei Schornsteinen
Doppelkremper	Bezeichnung des Schlußsteines (links) bei „Frankfurter Pfannen"
Drahtanker	Verbindet Sicht- und Hintermauerwerk
Dünnformat	Mauersteine nach DIN, 24/11,5/5,2 cm
Eigenbau-Unternehmer	Ausführen der Bauarbeiten in eigener Regie, keine Gewerbegenehmigung erforderlich
Eindecken	Das Decken des Daches mit Dachsteinen
Einmessen	s. Abstecken
Einzelanker	s. Stahlanker
Emulsion	Milchige Flüssigkeit, hier aus der Vermischung von Wasser und Schalölkonzentrat
Firstlasche	Zur Verbindung von Sparrenpaaren oder Dreiecksgebinden am First

Firststein	Firstpfanne
Firstpfette	Firstbalken, verbindet die Sparrenpaare am First
Frankfurter Pfanne	Betondachstein, wirtschaftliches Bedachungsmaterial
Freifallmischer	Beton-Mischmaschine
Frischbeton	An der Baustelle bereiteter noch plastischer Beton
Fuge	Senkrechte oder waagerechte Mörtelschicht zwischen den Mauersteinen
Gebinde	Teil der Dachkonstruktion aus Sparren
Gewachsener Boden	Fester Boden, kenntlich an Schichtlinien im Erdreich
Grubenkies	Übliche Bezeichnung für Betonzuschlagstoff, Körnung z.B. 0-30 mm
Hintermauerwerk	Wörtlich zu verstehen, Mauerwerk hinter dem Sichtmauerwerk
Innenschale	Innenwandung z.B. des Feuerraumes
Isolierung	s. Sperrschicht
Kalksandstein	Künstlicher Mauerstein aus Kalk, Sand und Wasser, gepreßt und dampf-gehärtet
Kappleiste	Oberer, dichtender Abschluß der Schornsteineinfassung
Kies	Sand und gröbere Steinsorten, Beton-Zuschlag
Konsistenzbereiche	Für Beton: K1 (steif), K2 (plastisch), K3 (weich)
Kopf	Schmalseite des Mauersteines
Längsaussteifung	Bei Dachstuhlkonstruktionen u.a. erreicht durch Lattung, Windrispen, auf-genagelte Platten usw.
Längsfuge	Durchgehende Fuge z.B. zwischen Sicht- und Hintermauerwerk
Läuferschicht	Längs zur Mauerflucht angeordnete Steine im Verband
Lattung	Teil des Dachstuhles zur Aufnahme der Dachziegel
Lüfterstein	Dachziegel mit Gaube zur Luftzirkulation unter der Dachhaut
Luftschichtanker	s. Drahtanker
Mischungsverhältnis	Mengenverhältnis in Raumteilen, besser Gewichtsteilen, zwischen Zement und Zuschlagstoffen, z.B. 1:6, 1:8, 1:10
Mörtel	Werkstoff zur dauerhaften Verbindung von Mauersteinen, je nach Zusammensetzung als Zementmörtel, Kalk-Zementmörtel, Schamottemörtel, auch ansatzfertig als Trockenmörtel
Mörtelfirst	Anordnung der Dachlatten am First so, daß die Firststeine im Mörtelbett aufgebracht werden können. Gegenteil: Trockenfirst
Nagelung	Verbindung von Holzkonstruktions-Elementen mit korrosionsgeschützten Nägeln
Normalformat (NF)	Mauersteine nach DIN, 24/11,5/7,1 cm
Obholz	z.B. Sparren, der mit einer Sparrenkerbe versehen ist und auf der Fußpfette aufliegt
OK	Oberkante
Ortgang	Giebelseitiger Dachabschluß von der Traufe bis zum First

planeben	glatt
Q-Matte	Baustahlgewebe-Matte zur Betonbewehrung
Rappen	Reibeputz zum Verstreichen von Schornsteinzügen oder Verputzen von Mauerwerk
Rauchrohr	Zur Verlängerung des Schornsteinzuges mittels aufgesetztem geeignetem Rohr
Regelverband	Anordnung der Mauersteine im Mauerwerk
Ringfundament	Ringförmig angeordnetes Streifenfundament
Schamottestein	Hart-gebrannter, feuerfester Mauerstein
Schalung	Form für den Betonguß
Schalungsöl	In der Beschaffenheit als Emulsion Trennungsmittel zur Erleichterung des Ablösens der Schalbretter vom erhärteten Beton
Schichthöhe (NF)	Steinhöhe + Lagerfuge = Schichthöhe (7,1 cm + 1,2 cm = 8,3 cm)
Schlanker Mörtel	Plastische Mörtelzubereitung mit guten Verarbeitungseigenschaften
Schlämmputz	Dünner Putz aus Zement, Bausand und Wasser
Schlußstein	Letzter, mittlerer Stein im Scheitelpunkt der Bogenkonstruktion, ergibt sich durch ungerade Anzahl der Steine im Bogen
Schnurgerüst	Zum vorübergehenden Aufnehmen der Maße aus dem Lageplan, wird nach dem Einbau der Fundamentschalung abgebaut
Schornsteineinfassung	Abdichtung des Schornsteinkopfes gegen die Dachhaut mittels verlöteter Bleibahnen und Kappleisten
Schornsteinkopf	Schornsteinteil über der Dachhaut
Schornsteinschaft	Schornsteinteil unter der Dachhaut
Schwindriß	Reparabler Riß durch Trocknungsprozesse oder ungeeignete Mörtelzusammensetzung, meist im Verlauf den Fugen folgend
Segmentbogen	Geometrische Konstruktion für Schalungsbau bei Mauerbögen
Sichtmauerwerk	Von außen sichtbares einschaliges Verblendmauerwerk
Sohle	z.B. geschüttete und planeben abgezogene auf dem Boden aufgebrachte Betonschicht
Sparren	Teil der Dachstuhlkonstruktion, nimmt die Lattung und Windrispen auf
Sperrschicht	Isolierung aus Dachpappe o.ä. zur Vermeidung des Aufsteigens von Feuchtigkeit aus dem Fundament
Stahlanker	Verbindungselement aus verzinktem Stahl, wird in das Mauerwerk einzementiert
Stahleinlage	s. Bewehrung
Stampfbeton	Beton von erdfeuchter Konsistenz
Stampfholz	Verdichtungswerkzeug für Beton
Steinanker	s. Stahlanker
Stich	Segmentbogenhöhe
Stoßfuge	Fuge an der Stirnseite der Mauersteine

Spannweite	Breite bei der Segmentbogenkonstruktion
Traufe	Horizontaler, unterer Dachabschluß
Verdichten	Ausfüllen von Hohlräumen in der Betonmasse durch Stampfen
Verfüllen	Auffüllen
Verfugen	Bearbeitung der Stoß- und Lagerfugen im Mauerwerk
Vollsattes Verfugen	Mauern ohne Lufteinschlüsse oder Spalten in den Fugen
Vollziegel	Ziegel ohne Lochung, Bezeichnung Mz
Vormauerziegel	Frostsicherer Ziegel für Sichtmauerwerk
Wange	Ummantelung des Zuges aus z.B. Mauerwerk
Wilder Verband	Zierverband für $1/2$-stein'sches Sichtmauerwerk
Windrispen	Latten zur Längsaussteifung eines Dachstuhles
Wölbscheibe	Holzkonstruktion, Teil der Schalung für Gewölbemauerwerk
Zement	Bindemittel, härtet an der Luft und unter Wasser
Zug	Hohlraum im Schornstein zur Ableitung der Rauch- oder Abgase
Zuschlagstoffe	z.B. Betonkies in verschiedenen Qualitäten

Literaturangaben

Bautechnik

Dahmlos/Witte — Bauzeichnen, 10. neubearbeitete Auflage, Hermann Schroedel Verlag KG, Hannover, 1977

Düll/Engel — WIR BAUEN UNSER HAUS SELBST, 2. Auflage, Hrsg. Ottmar Strebel, Fachschriften-Verlag GmbH, 7012 Fellbach/Stuttgart, 1974

Göres, Hans Hermann — Eigenleistung am Haus, Verlagsgesellschaft Rudolf Müller, Köln-Braunsfeld

Göres, Hans Hermann — Mauern leicht gemacht, 22.-26 Tsd., Verlag wie vorstehend, 1979

Landscheidt/Schlüter — BAUZEICHNUNGEN, 6. Auflage, Bauverlag GmbH, Wiesbaden und Berlin, 1973

Lemberger/Kerndl — grundpraktikum bau, 4. neubearbeitete und erweiterte Auflage, Bauverlag GmbH, Wiesbaden und Berlin, 1979

Meyer, Wilhelm — Betonarbeiten, Lehrmeister-Bücherei Nr. 512, Albrecht Philler Verlag, 4950 Minden

Neizel, Ernst — Tabellen für das Baugewerbe, 5. Auflage, Verlag Ernst Klett, Stuttgart

WDR/Verfasser Pütz/Kamm — HOBBYTHEK-Broschüre „SOMMERFREUDEN", Spaß für aktive Leute, u. a. Bauhinweise für kleinen Backofen

o. Verf. — Großes Heimwerker Buch, Sonderausgabe 1978 für die BUCH UND ZEIT VERLAGSGESELL-SCHAFT MBH, KÖLN, VERLAG OLDE HANSEN, HAMBURG, 1975

Brot/Brotbacken

Bönicke, Gerhard — TORNISTERLEXIKON für Frontsoldaten, OKW, 1943

Doose, Otto — NEUZEITLICHE HERSTELLUNG VON ROGGENVOLLKORN- UND ROGGENSCHROTBROT, Hugo Matthaes Verlag, Stuttgart, 1964

Doose, Otto — DIE BROTPRÜFUNG, Entstehen und Verhütung der wichtigsten BROTFEHLER, 2. neubearbeitete Auflage, Gildeverlag, 322 Alfeld (Leine) 1969

Froidl/von Hellermann — BROT selbstgebacken, Wilhelm Heyne Verlag, München, 1975

Pokorny, Ada — DIE VERARBEITUNG DES GETREIDES ZU BROT UND GEBÄCK, Arbeitskreis für Ernährungsforschung, Bad Liebenzell-Unterlengenhardt, 1979

Rotsch, Alfred, Dr. — Nahrungsmittelchemie für Bäcker, 1. Auflage, Gildeverlag, Hans-Gerhard Dobler, Alfeld/Leine, 1949

WDR/Pütz — HOBBYTIP der HOBBYTHEK, Bäckerei, WDR No. 29